基礎コース物理化学 Ⅳ

化学熱力学

中田宗隆 著

東京化学同人

は じ め に

　昔は物理化学のことを理論化学といった．有機化学，無機化学，分析化学など，さまざまな分野での現象を物理学の知識を使って解明する．物理化学は物質を扱うあらゆる科学に不可欠な基礎知識である．

　ちまたには，世界的に定評のある物理化学の教科書や翻訳本が多数ある．それらは物理化学の重要な概念を網羅した良書である．しかし，日本の大学の学部学生向けの講義で使いやすい内容，レベル，記述かというと，そうでないものが多い．大学に入学した初学者が通読しやすいように内容を厳選し，学生の立場に立って解説した教科書が必要ではないだろうか．

　ここに“基礎コース物理化学 全4巻”を用意した．読者がもつと予想されるさまざまな疑問に対して，できるかぎりの説明を加えて4分冊にした．それぞれの巻で解説する主題は以下のとおりである．

第Ⅰ巻　量 子 化 学：原子，分子の量子論
第Ⅱ巻　分子分光学：分子と電磁波の相互作用
第Ⅲ巻　化学動力学：分子集団の状態の時間変化
第Ⅳ巻　化学熱力学：分子集団のエネルギー変化

　この“第Ⅳ巻 化学熱力学”では，ふつうの物理化学の教科書では天下り的に導入される熱エネルギーや仕事エネルギーを分子のエネルギーに基づいて説明する．また，エントロピー，エンタルピー，束縛エネルギー，自由エネルギー，化学ポテンシャルなどの概念について，初学者が理解できるようにやさしい言葉で説明する．同じ著者が，同じレベル，同じスタンス，同じ表現で書いているので，他の巻の内容を参考にしながら，物理化学全体を理解しやすくなっていると思う．内容が理解できたかを確認するために，各章末にはおよそ10題の問題を用意した．解答は東京化学同人ホームページの本書のページに載せてある（http://www.tkd-pbl.com/）．

　最後に，社会人になって，もう一度，物理化学を勉強したくなった（あるいは勉強しなければならなくなった）読者にも役立つ教科書でもある．ぜひ，多くの方々に楽しんでいただきたいと思う．

2021 年 2 月 14 日

中 田 宗 隆

目　　次

第II部　混合物の熱力学

第Ⅲ部　地球大気の熱力学

第 I 部

純物質の熱力学

1

熱エネルギーと
仕事エネルギー

　孤立系の分子集団は，時間が経つと平衡状態になり，圧力，温度，
体積などの状態量が一定の値になる．平衡状態の系が外界と熱エネル
ギーや仕事エネルギーをやり取りすると，分子集団は別の平衡状態に
なる．ここでは，熱エネルギー，仕事エネルギーという巨視的な物理
量を，原子，分子のエネルギーという微視的な物理量で理解する．

1・1　身のまわりの化学熱力学

　われわれの身のまわりには，いわゆる"熱"を伴った現象が数多くみられる．
これらの現象は，"分子集団のエネルギー変化"という言葉を使って理解でき
る．たとえば，暑い夏に，冷房に設定したエアコンの室内機からは涼しい風が
流れ，逆に，室外機からは温かい空気が放出される．室内の空気（窒素，酸
素，アルゴンなどの分子集団）のエネルギーを強制的に減らして，室外の空気
のエネルギーを強制的に増やしたということである．これが都心でよくいわれ
るヒートアイランド現象の原因の一つである．また，寒い冬に，暖房に設定し
たエアコンの室内機からは温かい風が流れ，逆に，室外機からは冷たい空気が
放出される．室内の空気のエネルギーを強制的に増やして，室外の空気のエネ
ルギーを強制的に減らしたということである．雪の日には室外機の冷たい空気
の出口に氷がくっつき，エアコンの故障の原因になることもある．

　水蒸気は温度が下がると液体の水に，そして，固体の氷になる．物質の温度
を下げるということは，物質を構成する分子集団から，エネルギーを奪うとい
うことである．逆に，分子集団にエネルギーを与えれば，温度は上がる．固体
の氷は融けて液体の水になり，水は蒸発して気体の水蒸気になる．山に登ると
気温や気圧がしだいに低くなる理由も，分子集団の単位体積あたりのエネル
ギーの減少を考えれば理解できる（III巻1章参照）．化学熱力学は，さまざま
な現象を分子集団のエネルギー変化で理解する学問である．この教科書の前半

では，化学熱力学の基本的な三つの法則を学び，分子集団がエネルギーをやり取りしたときに，分子集団のどのようなエネルギーがどのくらい変化して，その結果，圧力，温度，体積などが，どのくらい変化するかを理解する[*1]．

1·2 系 と 外 界

　ある分子集団に着目して，圧力 P，温度 T，体積 V などの物理量が，どのようになっているかを考えることにする[*2]．この着目している分子集団のことを "系" とよぶ．また，系とエネルギーをやり取りする分子集団（系以外の分子集団）のことを "外界" とよぶ．たとえば，容器の中に気体が入っていたとする．図 1·1 に示したように，容器の中の分子集団（○）が系であり，容器とその容器のまわりの分子集団（◯）が外界である．後々の説明のために，固体の容器を構成する原子も模式的に • で描いた．物質は気体でも液体でも固体でも，すべて原子，分子で構成されている．

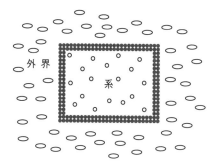

　　○ 系の気体を構成する分子
　　◯ 外界の気体を構成する分子
　　• 外界の容器を構成する原子

図 1·1　系（着目する分子集団）と外界（系以外の分子集団）の模式図

　まずは，系と外界との間で，物質（分子集団）のやり取りがない場合のエネルギー移動や，系のエネルギー変化を考える．このような系を "閉じた系" という．系と外界が物質をやり取りして，系の物質量も変化する場合のエネルギー移動や系のエネルギー変化を扱うこともある．このような系を "開いた

[*1] 　教科書を読み進めてみるとわかるが，分子集団が外界とやり取りするエネルギーとしては，熱エネルギーと仕事エネルギーを考え，分子集団のエネルギーとしては，内部エネルギー，エンタルピー，ヘルムホルツエネルギー，ギブズエネルギーを考える．また，状態量としては，圧力，温度，体積のほかにエントロピーを考える．

[*2] 　この教科書では全圧を大文字の P で，分圧を小文字の p で表す．

系”という．また，閉じた系で，外界とエネルギーをやり取りしていない系を
特に“孤立系”という．III巻1章で説明したように，孤立系では長い時間（厳
密には無限の時間）が経てば，分子集団は平衡状態（特に，熱平衡状態とい
う）になる．平衡状態というのは，個々の分子のエネルギーは刻一刻と変化す
るが，分子集団のエネルギーの総和や平均値，そして，圧力 P，温度 T，体積
V などの物理量[*1]が変化しない状態のことである．また，ある状態で一義的
に決まる物理量のことを状態量[*2]という．

　異なる種類の状態量の間には，いろいろな関係式が成り立つ．たとえば，III
巻1章で説明したように，n mol の理想気体を含む孤立系ならば，圧力 P，温
度 T，体積 V の間に，

$$P = \frac{nRT}{V} \qquad (1・1)$$

という状態方程式〔III巻(1・15)式〕が成り立つ[*3]．ここで，n は mol を単位
とする物質量，R はモル気体定数（表1・1）である．このように，ある状態
量が別の状態量の関数で表される場合に，その状態量のことを“状態関数”と
いい，状態関数で変数の役割を果たす状態量を“状態変数”という．(1・1)式

表 1・1　おもな基礎物理定数[†]

基礎物理定数	記 号	数 値
真空中の光速	c_0	299 792 458 m s^{-1}（定義値）
プランク定数	h	6.626 070 15$\times 10^{-34}$ J s（定義値）
電気素量	e	1.602 176 634$\times 10^{-19}$ C（定義値）
ボルツマン定数	k_B	1.380 649$\times 10^{-23}$ J K^{-1}（定義値）
アボガドロ定数	N_A	6.022 140 76$\times 10^{23}$ mol^{-1}（定義値）
モル気体定数	R	0.082 057 366 08$\cdots$ dm^3 atm K^{-1} mol^{-1}
		8.314 462 618$\cdots$ J K^{-1} mol^{-1}

†　CODATA2018 年度版の数値．

[*1]　個々の原子，分子の物理量を微視的（microscopic）な物理量といい，分子集団の物理量を巨
　　視的（macroscopic）な物理量という．I巻，II巻では微視的な物理量のみを扱ったが，III巻，
　　IV巻では巨視的な物理量も扱う．
[*2]　状態量には，体積のように分子集団の物質量に依存する示量性状態量と，圧力や温度のよう
　　に物質量に依存しない示強性状態量がある（III巻1章参照）．
[*3]　III巻では，おもに1 mol あたりの体積，すなわち，モル体積 V_m を使って説明したが，IV巻
　　では，おもに物質量が n mol の体積 V で説明する．$V = nV_m$ である．

では，圧力 P が状態関数で，温度 T と体積 V が状態変数となる．式を変形すれば，同じ状態量でも状態変数になったり状態関数になったりする．

1・3　分子運動と熱エネルギー

　たとえば，標準圧力（1 atm ＝ 1.013 25×10⁵ Pa）[*1]，室温（25 ℃ ＝ 298.15 K）で，体積 V の容器の中に n mol の分子が入っていたとする．容器がしばらく室内に置かれていれば，容器の中の気体（系の分子集団）の温度は，室内の空気（外界の分子集団）の温度（室温）と同じになる．これが熱平衡状態である．あたり前のことだと思うかもしれないが，どうして容器の中の気体が室内の空気と同じ温度になるかを理解することは，それほど容易ではない．

　Ⅲ巻 1 章で説明したように，容器の中には約 n×6.022×10²³ 個という膨大な数の分子があり，平均すると，分子は新幹線の約 6 倍の速さ（時速 1800 km）で，繰返し容器の壁と衝突している．容器の右側の壁の様子を模式的に図 1・2 に示す．Ⅲ巻 1 章では，容器に衝突する分子のエネルギーは，衝突する前後で変化しない，つまり，弾性衝突であると説明した．しかし，弾性衝突は分子と壁がエネルギーをやり取りしないことを意味するわけではない[*2]．2 章で詳

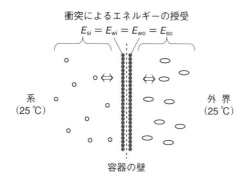

図 1・2　気体の分子と容器の壁の原子とのエネルギーの授受（平衡状態）

[*1]　標準圧力を 1 bar（＝ 1×10⁵ Pa）とすることが推奨されているが，この教科書では 1 atm を標準圧力として説明する．

[*2]　物理では "二つの質点の一方が他方に力を作用しているときには，必ず後者も前者に作用している．それらの力は両質点を結ぶ直線の方向に沿って逆向きに作用していて，それらの大きさは等しい" という作用・反作用の法則（運動の第三法則）が成り立つ．人が壁を押すと，壁も人を押すという意味である．人が壁を強く押せば，壁も人を強く押す．

しく説明するが，衝突するときに，容器の中の分子○はエネルギー（気体の場合には並進エネルギー*）E_{si} を与え，容器の壁を構成する原子●もエネルギー（固体の場合には格子振動エネルギーなど）E_{wi} を与える．ここで，エネルギー E の添え字の si は系（system）の内部（inside）を表し，wi は容器の壁（wall）の内側（inside）の領域（系に近い領域）のこと，つまり，図 1・2 では左側に並んだ原子●を表す．衝突によって分子のエネルギーが変化しない（$E_{si} = E_{wi}$）ので，弾性衝突だと説明した．なお，図 1・2 では，分子と容器の壁の原子がやり取りするエネルギーの大きさを矢印（⟷）の大きさで表した．

　外側（outside）の領域（外界に近い領域）にある容器の壁の原子（図 1・2 では右側に並んだ●）と，外界にある分子○とのエネルギーのやり取りも同様である．衝突するときに，外界にある分子が与えるエネルギー E_{so} と，容器の原子が与えるエネルギー E_{wo} が釣り合っている（$E_{wo} = E_{so}$）．もしも，熱平衡状態ならば，系の分子が壁の原子とやり取りするエネルギーと，外界の分子が壁の原子とやり取りするエネルギーは同じである（$E_{si} = E_{so}$）．そうすると，内側の領域にある容器の壁の原子がやり取りするエネルギーと，外側の領域にある容器の壁の原子がやり取りするエネルギーも同じになる（$E_{wi} = E_{wo}$）．つまり，熱平衡状態では容器の壁のどの領域のエネルギーも温度も均一になる．

　それでは，容器を室内（25℃）から冷蔵庫（5℃）の中に入れると，どうなるだろうか．外界の気体の温度は下がるので，容器の壁とやり取りするエネルギー E_{so} が小さくなる（図 1・3 では ⟷ を小さく描いた）．そうすると，容器の壁がやり取りするエネルギー E_{wo} も小さくなる．一方，容器の中の気体の温度が室温のままならば，容器の壁とやり取りするエネルギー E_{si} も，容器の壁がやり取りするエネルギー E_{wi} も，室温のときと変わらない．そうすると，$E_{wi} > E_{wo}$ という大小関係がうまれる．同じ容器の壁の原子でありながら，領域によってエネルギーが不均一になる．このような状態を“非平衡状態”という．自然界では，エネルギーは高いほうから低いほうへ流れる．ちょうど，川の水が山から海に流れるようなものである（川の水の場合には，ポテンシャルエネルギーが低くなる）．したがって，内側の領域にある容器の壁の原子がや

　＊　アルゴンのような単原子分子では，原子核の運動エネルギーは質量中心が空間を移動する並進エネルギーのみである．窒素や酸素のような二原子分子の原子核の運動エネルギーには，並進エネルギーのほかに回転エネルギーと振動エネルギーがある（Ⅱ巻，Ⅲ巻参照）．回転エネルギーと振動エネルギーは質量中心が空間を移動しない分子内エネルギーであり，直接には温度に関係しない．

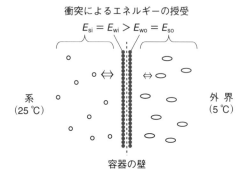

図 1・3　気体の分子と容器の壁の原子とのエネルギーの授受（非平衡状態）

り取りするエネルギーは，外側の領域にある原子にも流れる．このエネルギーの流れは $E_{wo} = E_{wi}$ になるまで続く．

　これまでは，容器の壁の原子●のエネルギーに着目して，エネルギー移動を説明した．容器の中の気体の分子○のエネルギーに着目すると，次のようになる．まずは容器が室温に置かれている平衡状態を考える．容器の中の気体のエネルギーは均一であり，領域によって差があるわけではない．この容器を冷蔵庫の中に入れると，容器の壁から遠い領域にある分子のエネルギーはもとのままであるが，容器の壁に近い領域にある分子のエネルギーは少なくなる．なぜならば，分子が壁の原子に与えるエネルギーよりも，壁の原子からもらうエネルギーのほうが少ないからである*．つまり，容器の中の分子のエネルギーは，容器の壁に近い領域にあるか，遠い領域にあるかによって不均一になる．したがって，容器の中の分子集団は非平衡状態である．しかし，時間が経てば，容器の中の分子どうしの衝突や，分子と壁の原子との衝突によって，容器の中の気体のエネルギーは均一になる．その結果，外界と同じ温度で熱平衡状態になる．一般的に，二つの物質に温度差があるときに，温度の高い物質から温度の低い物質に原子や分子のエネルギーが移動して，熱平衡状態になる（5章で詳しく説明する）．この移動するエネルギーを，化学熱力学では“熱エネルギー”とよぶ．

---

*　内側の領域にある壁の原子は，容器の中の分子からもらったエネルギーの一部を外側の領域にある壁の原子にも渡す．その結果，壁の内側の領域にある原子が容器の中の分子に戻すエネルギーは，もらったエネルギーよりも少ない（非弾性衝突）．

1・4 分子運動と仕事エネルギー

　今度は容器の体積が変化する場合を想定して，容器の右側の壁をピストンに置き換えて考える．ピストンには摩擦がなく，自由に動くことができるが，容器の中の気体（系）は容器の外（外界）に漏れることはないと仮定する．この容器をしばらく室内に置けば，容器の中の気体は標準圧力（1 atm），室温（25℃）の平衡状態になる〔図1・4(a)〕（図をわかりやすくするために，容器とピストンを構成する原子●を省略して描いた）．平衡状態では，容器の中の気体（系）が内側からピストンを押す圧力と，室内の空気（外界）が外側からピストンを押す圧力は 1 atm で等しい．ピストンは自由に動くことができるが，ピストンを押す両側からの圧力が釣り合っているので，ピストンは動かない．つまり，容器の体積は平衡状態では一定である．

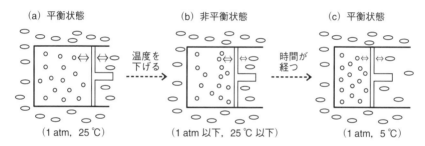

図1・4　外界の圧力が一定の条件での系の圧力変化，温度変化，体積変化

　室温（25℃）で室内の空気と平衡状態になっているこの容器を，冷蔵庫（5℃）の中に入れるとどうなるだろうか．前節で説明したように，容器の中の気体のエネルギーは，外界（冷蔵庫の中の冷たい空気）に与えられるので少なくなる．これは熱エネルギーの移動であり，容器の中の気体の温度が下がる．気体を構成する分子集団のエネルギーの平均値が下がると，温度だけでなく圧力も下がる．なぜならば，体積が一定の条件で，温度と同様に，圧力も分子集団のエネルギーの平均値に比例するからである（Ⅲ巻1章参照）．ピストンの内側の圧力がピストンの外側の圧力（1 atm）以下になると，ピストンは内側に向かって動く．そうすると，平衡状態で均一であった数密度（単位体積あたりの分子数）が，ピストンに近い領域と遠い領域で異なる〔図1・4(b)〕．これはすでに説明した非平衡状態である．どこまでピストンが進むかというと，体積が小さくなって，容器の中の気体の圧力が 1 atm になって，ピストンの両側

の圧力が同じになるまでである．言い換えれば，容器の中の気体のエネルギーが少なくなっても，ピストンが動いて体積が小さくなれば，外界と同じ 1 atm の圧力を維持できるという意味である．そして，時間が経つと，非平衡状態は平衡状態になる〔図 1・4(c)〕．

ピストンが動いたということは，容器の中の分子集団（○）が外界の分子集団（○）の圧力（単位面積あたりの力）で，押されたということである．このエネルギーを化学熱力学では"仕事エネルギー"という．系と外界は熱エネルギーをやり取りするだけでなく，仕事エネルギーもやり取りする．ここで注意しなければならないことがある．熱エネルギーも仕事エネルギーも，系の平衡状態を変化させる（状態関数の値を変化させる）ためのエネルギーであって，状態関数ではないということである[*1]．状態関数に対して，熱エネルギーと仕事エネルギーのことを"経路関数"という．

この教科書では，系と外界がやり取りする熱エネルギーの全量を Q で，系と外界が少しずつやり取りするときの熱エネルギーの微小変化を δQ で表す．δQ は状態が変化するときに一定の値のままの場合もあるが，一定でない場合もある．どちらの場合でも，最初の状態から最後の状態まで δQ を積分すると，全量の Q になる．また，系と外界がやり取りする仕事エネルギーの全量を W で，系と外界が少しずつやり取りするときの仕事エネルギーの微小変化を δW で表す．系と外界がエネルギーを少しずつやり取りするときには，状態関数も少しずつ変化する．状態関数の微小変化は微分の記号 d を用いて，たとえば，体積の微小変化を dV で表す[*2]．また，状態関数の変化量（二つの状態での値の差）には記号 Δ（デルタ）を用いて，たとえば，体積の変化量を ΔV で表す．

1・5　可逆過程と不可逆過程

図 1・4 で，容器の体積が V_1 から V_2 になるまで，ピストンが内側に動いた

[*1]　I 巻 §3・5 で"演算子"の説明をした．ある関数を別の関数に変化させる操作のことを演算子という．経路関数（熱エネルギー，仕事エネルギー）は，ある状態関数（圧力，温度，体積，エネルギーなど）の値を，別の値に変化させる操作（演算子）のようなものであると考えればよい．

[*2]　詳しいことは省略するが，状態関数の微小変化は完全微分の形になるので，通常の微分の記号 d を用いる．たとえば，理想気体の状態方程式(1・1)で示したように，圧力 P は温度 T と体積 V の状態関数なので，$P = f(T, V)$ と書ける．圧力の微小変化は $dP = (\partial f/\partial T)_V dT + (\partial f/\partial V)_T dV$ と表すことができるときに，dP は完全微分であるという．なお，dT の係数の $(\partial f/\partial T)_V$ は V を定数としたときの T に関する f の微分を表す．

ときに，外界が系に与える仕事エネルギーを計算してみよう．外界がピストンに与える力の大きさを F，ピストンの面積を S，ピストンが動いた微小距離を dl とする．外界の圧力 P_0（標準圧力ならば 1 atm）は単位面積あたりの力だから，容器の中の気体に与える力 F をピストンの面積 S で割り算して，

$$P_0 = \frac{F}{S} \tag{1・2}$$

となる．また，外界の分子集団が容器の中の分子集団とやり取りする仕事エネルギーの微小変化 δW は，ピストンが動いた微小距離 dl を力の大きさ F に掛け算して，

$$\delta W = F\,dl \tag{1・3}$$

である．(1・2)式と(1・3)式から，

$$\delta W = P_0 S\,dl \tag{1・4}$$

が得られる．$S\,dl$ は容器の体積の微小変化 dV のことだから，(1・4)式は，

$$\delta W = P_0\,dV \tag{1・5}$$

となる．仕事エネルギーの微小変化を積分すれば，仕事エネルギーの全量 W を計算できる．右辺は体積変化の積分になるから，積分範囲は V_1 から V_2 である．外界が系に与えた仕事エネルギー W_0 は，

$$W_0 = \int \delta W = \int_{V_1}^{V_2} P_0\,dV \tag{1・6}$$

となる．外界の圧力 P_0 は標準圧力（1 atm）で定数だから，積分の外に出して，

$$W_0 = P_0(V_2 - V_1) = P_0 \Delta V \tag{1・7}$$

と計算できる．

　そうすると，系が外界からもらう仕事エネルギー W は，外界が系に与えた仕事エネルギー W_0 の符号を逆にして，

$$W = -P_0(V_2 - V_1) = -P_0 \Delta V \tag{1・8}$$

になるかというと，そう簡単ではない．なぜならば，系の圧力 P と外界の圧力 P_0 は同じでないからである．系の圧力 P は最初の状態では 1 atm であるが，ピストンが動いている間は 1 atm 以下になり，最後の状態で再び 1 atm になる．したがって，系が外界からもらう仕事エネルギー W を正確に書けば，(1・6)式の代わりに，

$$W = -\int_{V_1}^{V_2} P\,dV \tag{1・9}$$

となる.

　圧力 P はピストンの動き dV に伴って変化するから，(1・9)式を簡単には積分できない．そこで，現実にはありえないが，温度が限りなくゆっくりと変化して，ピストンが限りなくゆっくりと動いて，系と外界が常に平衡状態を保っていると仮定する．つまり，途中の段階として，図1・4(b)の非平衡状態の代わりに，図1・5(b)の平衡状態を考える．このように，系と外界が常に平衡状態を保ちながら，少しずつ状態が変化することを"準静的"という．

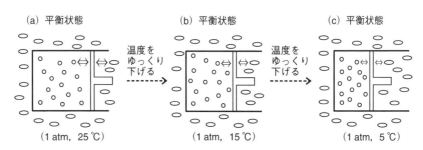

図1・5　外界と系の圧力が一定の条件での系の温度変化と体積変化（準静的）

　準静的にピストンを動かすと，常に平衡状態が成り立つから，$P = P_0$（一定）とみなすことができる．そうすると，系が外界からもらう仕事エネルギー W は，系の状態量である圧力 P を使って，

$$W = -P(V_2 - V_1) = -P\Delta V \qquad (1\cdot10)$$

と計算できる．$V_2 < V_1$（圧縮）の場合には ΔV は負の値になり，系がもらう仕事エネルギー W は正の値になる．熱エネルギー Q も仕事エネルギー W も，系が外界からもらう場合に正，系が外界に与える場合に負と定義する．系のエネルギーが増えると熱エネルギーも仕事エネルギーも正，系のエネルギーが減ると熱エネルギーも仕事エネルギーも負と考えればよい．

　外界の温度をもとの室温に戻すと，ピストンはもとの位置に戻る．ピストンを準静的に動かすと，25℃→5℃の変化でも5℃→25℃の変化でも，系と外界がやり取りする熱エネルギーと仕事エネルギーは，大きさが同じで符号が逆である．つまり，もとの状態に戻すと，系と外界は熱エネルギーも仕事エネルギーも，やり取りしていないことになる．このような条件で，系の状態を変化させる過程を"可逆過程"という．準静的な過程は可逆過程である．これに対して，たとえば，図1・4(b)の非平衡状態が図1・4(c)の平衡状態になる

変化は，可逆過程ではない．非平衡状態は外界から仕事エネルギーも熱エネルギーも与えなくても，時間が経てば平衡状態になる．しかし，平衡状態は，系と外界が仕事エネルギーや熱エネルギーをやり取りしないと，非平衡状態には戻らない．可逆過程以外の過程を"不可逆過程"という．

章末問題

1・1 気体の入っている室温の容器を高温の部屋に置いたとき，非平衡状態での E_{si}, E_{wi}, E_{wo}, E_{so} の大小関係を答えよ．また，時間が経って平衡状態になったときの大小関係を答えよ．

1・2 ピストンが容器の外側の方向に動く場合，ΔV は正か負か．また，系の仕事エネルギー W は正か負か．

1・3 ピストンが 1 N（ニュートン）の力で，容器の内側の方向に準静的に 1 cm 動いたとする．容器の中の気体がもらった仕事エネルギーを求めよ．単位は J（ジュール）とする．$1\,N = 1\,kg\,m\,s^{-2}$，$1\,J = 1\,kg\,m^2\,s^{-2}$．

1・4 1 atm の圧力で，$1\,cm^2$ の面積のピストンが容器の内側の方向に準静的に 1 cm 動いたとする．容器の中の気体がもらった仕事エネルギーを求めよ．単位は J とする．$1\,atm = 101\,325\,Pa = 101\,325\,kg\,m^{-1}\,s^{-2}$．

1・5 理想気体の状態方程式(1・1)で，圧力の微小変化 dP は，温度の微小変化 dT と体積の微小変化 dV を使って，具体的にどのような式で表されるか．

1・6 次の説明文が表す言葉を答えよ．

(1) 系の状態関数の値を変化させる外界のエネルギーを表す関数．

(2) 温度の高い物質から温度の低い物質に移動するエネルギー．

(3) 外界とエネルギーをやり取りしない閉じた系．

(4) 系の状態を限りなくゆっくりと変化させること．

(5) 系が外界からエネルギーをもらって状態が変化する過程で，外界に影響を残さずに，もとの状態に戻すことのできる過程．

章末問題の解答は東京化学同人ホームページ（http://www.tkd-pbl.com/）の本書のページに掲載しています．

2

内部エネルギーと
熱力学第一法則

系が外界と熱エネルギーや仕事エネルギーをやり取りして，状態が
変化する過程のことを熱力学的過程という．定容過程，定圧過程，等
温過程，断熱過程などがある．ここでは，それぞれの熱力学的過程
で，系が外界と熱エネルギーや仕事エネルギーをどのようにやり取り
すると，系の内部エネルギーがどのくらい変化するかを理解する．

2・1 原子，分子のエネルギー

1章では，系が外界とやり取りする熱エネルギーや仕事エネルギーの本質
が，物質を構成する原子，分子のエネルギー移動であることを理解した．この
節では，まず，原子や分子などの粒子のエネルギーの概念について復習し，次
の §2・2 で，物質（分子集団）のエネルギーの概念を説明する．

一般的に，運動する粒子のエネルギーは，運動エネルギーとポテンシャルエ
ネルギーの和で表される．これは古典力学で最も基本的な考え方の一つであ
る．たとえば，I 巻 §3・4 では，水素原子のエネルギー E を，

$$E = \frac{1}{2}M_{\mathrm{N}}v^2 + \frac{1}{2}m_{\mathrm{e}}v^2 - \frac{e^2}{4\pi\varepsilon_0 r} \qquad (2 \cdot 1)$$

と書いた〔I 巻(2・4)式と(2・7)式〕．ここで，M_{N} と m_{e} は原子核と電子の質
量，v と v は原子核と電子の運動速度の大きさ，e は電気素量，ε_0 は真空中の
誘電率，r は原子核と電子の距離である．(2・1)式の右辺の第1項が原子核の
運動エネルギー，第2項が電子の運動エネルギー，第3項が原子核と電子の間
にはたらく静電引力によるポテンシャルエネルギーを表す．量子論では，運動
エネルギーとポテンシャルエネルギーを演算子に変えて，波動方程式を解き，
水素原子のエネルギー固有値を次のように求めた〔I 巻(4・49)式〕．

$$E = -\frac{e^2}{8\pi\varepsilon_0 a_0}\frac{1}{n^2} \qquad (2 \cdot 2)$$

ここで，a_0 はボーア半径，n は量子数（$n = 1, 2, 3, \cdots$）である．エネルギー固有値は原子核の運動エネルギー，電子の運動エネルギーとポテンシャルエネルギーの和を表す．

しかし，(2・2)式は水素原子自体（質量中心）が静止しているときのエネルギー固有値である．一般的に，容器の中の水素原子は空間を移動しているから，それ自体の運動エネルギーも考慮しなければならない．粒子が空間を移動する運動エネルギーを並進エネルギーとよび（7ページの脚注参照），$E_{並進}$ と書くことにする*．また，(2・2)式で表されるエネルギーを原子内エネルギーとよび，$E_{原子内}$ と書くことにする．そうすると，原子の全エネルギー $E_{全(原子)}$ は次のよう表される．

$$E_{全(原子)} \;=\; E_{並進} + E_{原子内} \approx E_{並進} + E_{電子} \qquad (2・3)$$

ここで，原子核は電子に比べて質量が約 1800 倍も大きく，原子の質量中心でほとんど静止していると考えられるので，原子核の原子内での運動エネルギーを無視して，$E_{原子内}$ を $E_{電子}$ で近似した（I巻§2・4参照）．

分子の全エネルギー $E_{全(分子)}$ も，分子自体（質量中心）が空間を移動する並進エネルギー $E_{並進}$ と，分子内エネルギー $E_{分子内}$ に分けて考える必要がある．

$$E_{全(分子)} \;=\; E_{並進} + E_{分子内} \qquad (2・4)$$

ただし，分子（単原子分子を除く）の $E_{分子内}$ は，$E_{原子内}$ に比べてかなり複雑である．分子では，電子と原子核の間にはたらく静電引力によるポテンシャルエネルギーのほかに，原子核と原子核の間にはたらく静電斥力によるポテンシャルエネルギーも考慮しなければならない．また，電子の運動エネルギーのほかに，分子自体（質量中心）が静止しているときの原子核の相対的な運動のエネルギーも考慮しなければならない．質量中心からの距離を保って，原子核がくるくるとまわる回転運動のエネルギーと，原子核と原子核の間の距離が伸びたり縮んだりする振動運動のエネルギーである．それぞれの運動が独立であると近似して（剛体回転子近似，II巻§1・3参照），運動エネルギーとポテンシャルエネルギーを演算子に変えて，波動方程式を解くと，それぞれの運動のエネルギー固有値を求めることができる．そうすると，分子（単原子分子を除く）の全エネルギー $E_{全(分子)}$ は，原子核の運動に関するエネルギー固有値（$E_{並進}$, $E_{回転}$, $E_{振動}$）と，電子に関するエネルギー固有値 $E_{電子}$ を使って，

---

* III巻では1個の粒子の並進エネルギーを ε で表し，系全体（分子集団）の並進エネルギーを E で表したが，IV巻では1個の粒子のエネルギーも E で表す．

$$E_{全(分子)} \approx E_{並進} + E_{回転} + E_{振動} + E_{電子} \tag{2・5}$$

と近似できる〔II巻(8・2)式参照〕[*1].

2・2　物質（分子集団）のエネルギー

　物質（分子集団）のエネルギーも，同様に考えることができる．注目している物質自体（たとえば，気体の入った容器）が，空間を移動する古典力学的な運動エネルギーを $E_{並進(物質)}$ とする．また，量子論で求めた物質内（たとえば，容器の中の気体を構成する原子，分子）のエネルギー固有値を $E_{物質内}$ と定義する[*2]．$E_{物質内}$ は基本的には個々の原子や分子の全エネルギー〔(2・3)式の $E_{全(原子)}$ や(2・5)式の $E_{全(分子)}$〕の総和と考えればよい．そうすると，物質の全エネルギー $E_{全(物質)}$ は，

$$E_{全(物質)} = E_{並進(物質)} + E_{ポテンシャル(物質)} + E_{物質内} \tag{2・6}$$

と書ける．なお，原子，分子の質量はとても小さいので，(2・1)式から(2・5)式では，重力によるポテンシャルエネルギーを無視したが，物質になると物質自体の質量が大きいので，重力によるポテンシャルエネルギー $E_{ポテンシャル(物質)}$ も考慮した．ただし，化学熱力学では $E_{物質内}$ のみを扱い，物質自体のエネルギーである $E_{並進(物質)}$ や $E_{ポテンシャル(物質)}$ を扱わないので，気にする必要はない．

　化学熱力学では，系が外界と熱エネルギーや仕事エネルギーをやり取りしたときに，$E_{物質内}$ がどのように変化するかを考える．$E_{物質内}$ のことを“内部エネルギー”とよび，U の記号で表すことが多い．内部エネルギーは，ある状態で一義的に決まる物理量であり，圧力，温度，体積などと同様に状態量である．ただし，どこまでを内部エネルギーと考えるかは決まっていない．原子，分子のエネルギーでは説明しなかったが，核力によるポテンシャルエネルギーも，内部エネルギー U の一部と考えることができる[*3]．あるいは，アインシュタ

---

*1　II巻では $E_{並進}$ を除く $E_{回転}+E_{振動}+E_{電子}$ を $E_{分子全体}$ と定義したので，ここでは $E_{並進}$ を含む分子の全エネルギーを $E_{全(分子)}$ と定義する．

*2　物質自体のエネルギーは古典力学で扱うので，運動エネルギー $E_{並進(物質)}$ とポテンシャルエネルギー $E_{ポテンシャル(物質)}$ を別々に扱う．一方，物質内エネルギー $E_{物質内}$（原子，分子のエネルギー）は量子論で扱うので，運動エネルギーとポテンシャルエネルギーの和を表すエネルギー固有値で扱う（I巻参照）．たとえば，振り子の運動では，運動エネルギーと重力によるポテンシャルエネルギーの和は常に一定であり，保存される．このエネルギーが量子論のエネルギー固有値に対応する．

*3　素粒子が強い核力によって結合して，核子ができる．2個のアップと1個のダウンから陽子ができ，1個のアップと2個のダウンから中性子ができる（I巻§1・2参照）．核力によるポテンシャルエネルギーも内部エネルギーの一部と考えられる．

イン（A. Einstein）の有名な式 $E = Mc_0{}^2$（M は粒子の質量，c_0 は真空中の光速）からわかるように，質量そのものをエネルギーと考えることもできる[*]．つまり，どこまでを内部エネルギーと定義するかによって，その値は変わる．そこで，化学熱力学では，内部エネルギー U の値ではなく，系がある状態から別の状態になるときの変化量を議論する．たとえば，平衡状態 1（P_1, T_1, V_1, U_1）が別の平衡状態 2（P_2, T_2, V_2, U_2）に変化したとする（図 2・1）．それぞれの平衡状態で，P_1，T_1，V_1，P_2，T_2，V_2 の値を測定して決めることはできるが，U_1 と U_2 の値を決めることはできない．ただし，内部エネルギーは状態量なので，変化量 ΔU（$= U_2 - U_1$）を一義的に決めることはできる．

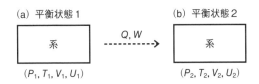

図 2・1　外界とのエネルギーのやり取りによる平衡状態の変化

　系が外界と熱エネルギー Q や仕事エネルギー W をやり取りするときに，熱エネルギーと仕事エネルギーの和は，系の内部エネルギーの変化量 ΔU に等しいことが経験的に分かっている．

$$\Delta U = Q + W \qquad (2・7)$$

これを "熱力学第一法則" という．どういうことかというと，系と外界がエネルギーをやり取りするときに，エネルギーの一部がどこかに消えたり，どこかから生まれたりすることはないという意味である．つまり，熱力学第一法則はエネルギーの保存則を表す．なお，法則というのは論理的に導かれたのではなく，経験的に普遍的に認められた事実という意味である．

　(2・7)式では，状態関数である U が経路関数である $Q + W$ と等号で結ばれているので，違和感をもつ人もいるかもしれない．熱エネルギーと仕事エネルギーは，あくまでも経路関数である．たとえば，ある状態の系に 3 kJ の熱エネルギーと 7 kJ の仕事エネルギーが与えられて，状態が変化したとする．内部エネルギーの変化量は 10 kJ であり，それ以上でも，それ以下でもない．また，系に 5 kJ の熱エネルギーと 5 kJ の仕事エネルギーが与えられても，内部

　＊　核融合や核分裂するときに，一部の質量がエネルギーに変換される．核エネルギーという．

エネルギーの変化量は 10 kJ である．どちらの方法（経路）でも，同じ状態に変化させることができ，状態関数である内部エネルギーの変化量 ΔU は同じになる．同じ内部エネルギーに変化させるために，いろいろな経路があるので，熱エネルギーと仕事エネルギーを経路関数という．なお，熱力学第一法則を微小変化で表すと，

$$dU \;=\; \delta Q + \delta W \qquad\qquad (2 \cdot 8)$$

となる．

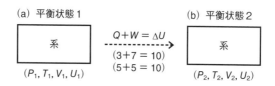

図 2·2　同じ内部エネルギーに変化させるためのいろいろな Q と W

2·3　定容過程と定圧過程

　系が外界と熱エネルギーや仕事エネルギーをやり取りして，状態が変化することを熱力学的過程という．図2·2の熱力学的過程では，系と外界が平衡状態を保ちながら少しずつ変化する準静的な過程を仮定し，一般的に平衡状態1 (P_1, T_1, V_1, U_1) が平衡状態2 (P_2, T_2, V_2, U_2) に変化するとした．しかし，同じ準静的な過程でも，いろいろな条件で変化させる熱力学的過程がある．たとえば，容器を室温の部屋から冷蔵庫の中に入れる場合である（§1·3参照）．この熱力学的過程では，系の体積が変わらないので"定容過程"という（ここでは容器の熱膨張などを考えない）．$V_2 = V_1 = V$ とおくと，定容過程は，

　　平衡状態1 (P_1, T_1, V, U_1) → 平衡状態2 (P_2, T_2, V, U_2)　(2·9)

と書ける．体積が一定（$\Delta V = V_2 - V_1 = 0$）なので，仕事エネルギーは $W = 0$ である〔(1·10)式参照〕．そうすると，熱力学第一法則からわかるように，内部エネルギーの変化量 ΔU は，系が外界とやり取りする熱エネルギーに等しくなる．

$$\Delta U \;=\; Q \qquad\qquad (2 \cdot 10)$$

　ピストンの模式図（§1·4参照）で定容過程を説明すると，図2·3のようになる（ただし，ピストンは動かさない）．系と外界がやり取りする熱エネルギーの移動を矢印で表した．矢印の長さがエネルギーの大きさを表すが，矢印

の位置は適当に選んだ．図2・3(a)は体積が一定の条件で，系が外界に熱エネルギーを与える発熱の場合である．この場合には，分子集団の内部エネルギーが低くなるので，気体の圧力も温度も下がる（$P_2 < P_1$ および $T_2 < T_1$）．一方，図2・3(b)は体積が一定の条件で，系が外界から熱エネルギーをもらう吸熱の場合である．熱エネルギーの移動を表す矢印の向きを逆に描いた．この場合には分子集団の内部エネルギーが高くなるので，気体の圧力も温度も上がる（$P_2 > P_1$ および $T_2 > T_1$）．

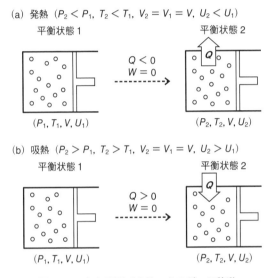

図 2・3　定容過程での熱エネルギーの移動

　今度はピストンが自由に動くとしよう（§1・4参照）．準静的な過程では系と外界の圧力は常に釣り合って，一定の値になる．圧力が一定の条件で，系の状態を変化させる熱力学的過程を"定圧過程"という．$P_2 = P_1 = P$ とおくと，定圧過程は，

$$\text{平衡状態1 }(P, T_1, V_1, U_1) \rightarrow \text{平衡状態2 }(P, T_2, V_2, U_2) \qquad (2・11)$$

と書ける．ピストンの模式図を使って説明すると，定圧過程は図2・4のようになる．図2・4(a)は圧力が一定の条件で，系が外界に熱エネルギーを与える発熱の場合である（$T_2 < T_1$）．この場合には，ピストンが系の気体を押すので，体積が減る圧縮である（$V_2 < V_1$）．一方，図2・4(b)は圧力が一定の条件

で, 系が外界から熱エネルギーをもらう吸熱の場合である ($T_2 > T_1$). この場合には体積が増えるので, 膨張である ($V_2 > V_1$). 圧力が一定の条件では, 温度と体積は比例の関係にある (シャルルの法則, III巻§1・4参照).

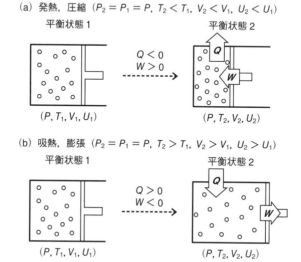

(a) 発熱, 圧縮 ($P_2 = P_1 = P$, $T_2 < T_1$, $V_2 < V_1$, $U_2 < U_1$)

平衡状態1　　　　　　　　　　　　　平衡状態2

$Q < 0$
$W > 0$

(P, T_1, V_1, U_1)　　　　　　　　　(P, T_2, V_2, U_2)

(b) 吸熱, 膨張 ($P_2 = P_1 = P$, $T_2 > T_1$, $V_2 > V_1$, $U_2 > U_1$)

平衡状態1　　　　　　　　　　　　　平衡状態2

$Q > 0$
$W < 0$

(P, T_1, V_1, U_1)　　　　　　　　　(P, T_2, V_2, U_2)

図 2・4　定圧過程での熱エネルギーと仕事エネルギーの移動

　定圧過程での仕事エネルギー W は, §1・5で計算したように,

$$W = -P(V_2 - V_1) = -P\Delta V \tag{2・12}$$

となる〔(1・10)式〕. したがって, 内部エネルギーの変化量は熱力学第一法則より,

$$\Delta U = Q + W = Q - P\Delta V \tag{2・13}$$

となる. もしも, 理想気体ならば, 状態方程式 $PV = nRT$ から, 圧力が一定の条件で $P\Delta V = nR\Delta T$ が成り立つ. これを(2・13)式に代入すると, 定圧過程での内部エネルギーの変化量は,

$$\Delta U = Q - nR\Delta T \tag{2・14}$$

と書くこともできる.

2・4　等 温 過 程

　温度が一定の条件で, 系の状態を変化させる熱力学的過程もある. これを

"等温過程" という. たとえば, 容器を恒温槽に入れて (熱エネルギーをやり取りして), 温度を一定に保った状態で準静的にピストンを動かす (仕事エネルギーをやり取りする). 等温過程では系の温度と内部エネルギーは変化しないが, 圧力と体積は変化する[*]. $T_2 = T_1 = T$ および $U_2 = U_1 = U$ とおくと, 等温過程は次のように書ける.

$$\text{平衡状態 1} \ (P_1, T, V_1, U) \ \rightarrow \ \text{平衡状態 2} \ (P_2, T, V_2, U) \quad (2 \cdot 15)$$

ピストンの模式図を使って説明すると, 等温過程は図2・5のようになる. 等温過程では内部エネルギーが変わらないので, 系が外界からもらう仕事エネルギーの大きさ (矢印の長さ) と, 系が外界に与える熱エネルギーの大きさは同じである. 図2・5(a)では, ピストンを内側の方向に動かすと体積が減るので圧縮である. この場合には, 圧力は上がる ($P_2 > P_1$ および $V_2 < V_1$). 逆に, 図2・5(b)では, ピストンを外側の方向に動かすと体積が増えるので膨張である. この場合には, 圧力は下がる ($P_2 < P_1$ および $V_2 > V_1$). 温度が一定

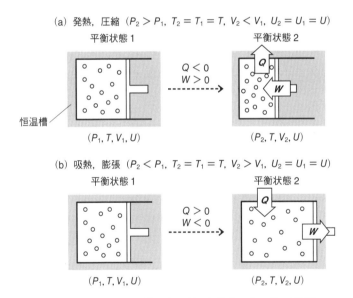

(a) 発熱, 圧縮 ($P_2 > P_1$, $T_2 = T_1 = T$, $V_2 < V_1$, $U_2 = U_1 = U$)

平衡状態 1　　　　　　　　　　平衡状態 2

$Q < 0$
$W > 0$

恒温槽

(P_1, T, V_1, U)　　　　　　(P_2, T, V_2, U)

(b) 吸熱, 膨張 ($P_2 < P_1$, $T_2 = T_1 = T$, $V_2 > V_1$, $U_2 = U_1 = U$)

平衡状態 1　　　　　　　　　　平衡状態 2

$Q > 0$
$W < 0$

(P_1, T, V_1, U)　　　　　　(P_2, T, V_2, U)

図 2・5　等温過程での熱エネルギーと仕事エネルギーの移動

---

[*]　温度は内部エネルギーによって決まり, 内部エネルギーが変わらなければ, 圧力や体積が変わっても, 温度は変わらない〔III巻(1・19)式参照〕.

の条件では，圧力と体積は反比例の関係にある（ボイルの法則，Ⅲ巻§1・4参照）．

　等温過程では系の体積が変化するので，仕事エネルギー W は 0 ではない．ただし，定圧過程で計算した(2・12)式とは異なる．どういうことかというと，体積 V が V_1 から V_2 へ変化することに伴って，圧力 P が P_1 から P_2 へ変化するからである．つまり，仕事エネルギーを求める(1・9)式の積分，

$$W = -\int_{V_1}^{V_2} P dV \qquad (2 \cdot 16)$$

で，P を定数として積分の外に出せない．

　もしも，気体が理想気体ならば，(2・16)式に状態方程式 $P = nRT/V$ を代入して，

$$W = -nRT \int_{V_1}^{V_2} \frac{1}{V} dV = -nRT(\ln V_2 - \ln V_1) = -nRT \ln\left(\frac{V_2}{V_1}\right)$$
$$(2 \cdot 17)$$

と計算できる．等温過程では温度 T は定数なので，積分の外に出した．また，等温過程では内部エネルギーの変化量は 0 だから，熱力学第一法則（$\Delta U = Q + W = 0$）によって，熱エネルギーと仕事エネルギーの大きさは等しく，符号は逆である．したがって，等温過程で系が外界とやり取りする熱エネルギーは，

$$Q = -W = nRT \ln\left(\frac{V_2}{V_1}\right) \qquad (2 \cdot 18)$$

と計算できる．1 よりも小さい数の自然対数は負の値，1 よりも大きい数の自然対数は正の値である．圧縮（$V_2 < V_1$）ならば発熱（$Q < 0$）であり，膨張（$V_2 > V_1$）ならば吸熱（$Q > 0$）であることを確認できる．

2・5 断 熱 過 程

　今度は容器を断熱材で囲み，系が外界と熱エネルギーをやり取りできない条件（$Q = 0$）で，ピストンを準静的に動かしてみよう．このような過程を“断熱過程”という．断熱過程では，系の圧力も温度も体積も変化する．したがって，系の内部エネルギーも変化するから，断熱過程は，

　　平衡状態 1 (P_1, T_1, V_1, U_1) → 平衡状態 2 (P_2, T_2, V_2, U_2)　(2・19)

と書ける。また，ピストンの模式図を使って説明すると，断熱過程は図2・6のようになる。図2・6(a)はピストンを内側の方向に動かして，系の体積が減るので圧縮である（$V_2 < V_1$）。系は外界から仕事エネルギーをもらうから，内部エネルギーが高くなって，圧力も温度も上がる（$P_2 > P_1$ および $T_2 > T_1$）。一方，図2・6(b)はピストンを外側の方向に動かして，体積が増えるから膨張である（$V_2 > V_1$）。系は外界へ仕事エネルギーを与えるから，内部エネルギーが低くなって，圧力も温度も下がる（$P_2 < P_1$ および $T_2 < T_1$）。

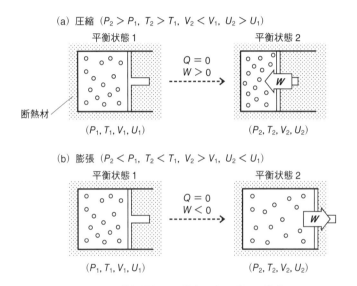

(a) 圧縮 （$P_2 > P_1$, $T_2 > T_1$, $V_2 < V_1$, $U_2 > U_1$）

平衡状態1　　　　　　　　　　平衡状態2

$Q = 0$
$W > 0$

断熱材

（P_1, T_1, V_1, U_1）　　　　　　（P_2, T_2, V_2, U_2）

(b) 膨張 （$P_2 < P_1$, $T_2 < T_1$, $V_2 > V_1$, $U_2 < U_1$）

平衡状態1　　　　　　　　　　平衡状態2

$Q = 0$
$W < 0$

（P_1, T_1, V_1, U_1）　　　　　　（P_2, T_2, V_2, U_2）

図 2·6　断熱過程での仕事エネルギーの移動

断熱過程では $Q = 0$ だから，熱力学第一法則からわかるように，内部エネルギーの変化量 ΔU は，

$$\Delta U = W \qquad\qquad (2 \cdot 20)$$

となる。仕事エネルギー W を求めるためには，(2・16)式の積分を計算すればよい。ただし，圧力 P は温度 T と体積 V の両方を変数とする関数なので，そのままでは積分できない。幸いなことに，次のポアソンの式が知られている（§3・5で導く）。

$$PV^{\gamma} = c \quad（定数） \qquad\qquad (2 \cdot 21)$$

ここで，γ は3章で説明する定圧モル熱容量 C_P と定容モル熱容量 C_V の比のこ

とであり，たとえば，単原子分子からなる理想気体では $\gamma = C_P/C_V = 5/3$ である．

(2・21)式を(2・16)式に代入して積分すると，仕事エネルギー W は，

$$W = -\int_{V_1}^{V_2} cV^{-\gamma}\,dV = \frac{c}{\gamma-1}(V_2^{1-\gamma} - V_1^{1-\gamma}) \tag{2・22}$$

と計算できる．ここで，(2・21)式より，

$$PV = cV^{1-\gamma} \tag{2・23}$$

だから，(2・22)式の断熱過程での仕事エネルギー W は，

$$W = \frac{1}{\gamma-1}(P_2V_2 - P_1V_1) \tag{2・24}$$

となる．また，理想気体の状態方程式 $PV = nRT$ を用いれば，

$$W = \frac{nR}{\gamma-1}(T_2 - T_1) = \frac{nR}{\gamma-1}\Delta T \tag{2・25}$$

と書くこともできる．$\gamma-1$ は常に正の値である（36 ページの脚注参照）．圧縮（$W > 0$）ならば温度が上がり（$T_2 > T_1$），膨張（$W < 0$）ならば温度が下がる（$T_2 < T_1$）ことを確認できる．

　四つの熱力学的過程で，熱エネルギー Q，仕事エネルギー W，内部エネルギーの変化量 ΔU を表2・1にまとめた．ここでは，1 mol（$n = 1$）の理想気体の準静的な熱力学的過程を仮定した．定容過程と定圧過程で，同じ温度（同じ ΔU）に変化させるためには，熱エネルギーの大きさは異なる必要があるので，それぞれを Q_V と Q_P とした（次章で詳しく説明する）．なお，等温過程では V_2/V_1 の代わりに P_1/P_2 で表すこともできる．

表 2・1　四つの熱力学的過程での理想気体（1 mol）のエネルギー変化

熱力学的過程	熱エネルギー Q	仕事エネルギー W	内部エネルギーの変化量 ΔU（$= Q+W$）
定容過程	Q_V	0	Q_V
定圧過程	Q_P	$-R\Delta T$	$Q_P - R\Delta T$
等温過程	$RT\ln\left(\dfrac{V_2}{V_1}\right)$	$-RT\ln\left(\dfrac{V_2}{V_1}\right)$	0
断熱過程	0	$\dfrac{1}{\gamma-1}R\Delta T$	$\dfrac{1}{\gamma-1}R\Delta T$

章末問題

1 atm，300 K で，1 mol の理想気体（単原子分子，$\gamma = 5/3$）を考える．以下の問いに答えよ．ただし，モル気体定数は $R = 0.082\,06\,\mathrm{dm^3\,atm\,K^{-1}\,mol^{-1}}$ $= 8.3145\,\mathrm{J\,K^{-1}\,mol^{-1}}$ とする．

2・1 定容過程で，75 J の熱エネルギーを与えると，圧力が 1.02 atm に変化した．温度変化を求めよ．

2・2 問題 2・1 で，仕事エネルギーと内部エネルギーの変化量を求めよ．

2・3 定圧過程で，125 J の熱エネルギーを与えると，温度が 306 K に変化した．体積変化を求めよ．

2・4 問題 2・3 で，仕事エネルギーと内部エネルギーの変化量を求めよ．1 atm $= 101\,325\,\mathrm{Pa} = 101\,325\,\mathrm{kg\,m^{-1}\,s^{-2}}$．

2・5 問題 2・1 と問題 2・3 の温度変化と内部エネルギーの変化量が同じであることを確認せよ．

2・6 等温過程で，圧力が 1.02 atm に変化した．体積変化を求めよ．

2・7 問題 2・6 で，仕事エネルギーと熱エネルギーを体積変化から求めよ．

2・8 問題 2・6 で，仕事エネルギーと熱エネルギーを圧力変化から求めよ．

2・9 断熱過程で，圧力が 1.02 atm に変化した．温度変化を求めよ．

2・10 問題 2・9 で，仕事エネルギーと内部エネルギーの変化量を求めよ．

3

エンタルピーと熱容量

1 mol の物質の温度を 1 K 上げるために必要な熱エネルギーをモル熱容量という．定容過程と定圧過程のモル熱容量の値は異なる．定圧過程では，熱エネルギーの一部を仕事エネルギーに使うからである．そこで，新たな状態関数としてエンタルピー H（$= U+PV$）を導入する．定圧モル熱容量はエンタルピーの変化量を使って定義される．

3・1 内部エネルギーと定容モル熱容量

　熱力学的過程の違いによって，値が大きく異なる物理量がある．それはモル熱容量である．モル熱容量とは，1 mol の物質の温度を 1 K 上げるために必要な熱エネルギーのことである（単位は $\mathrm{J\,K^{-1}\,mol^{-1}}$）．単原子分子と二原子分子のモル熱容量についてはⅢ巻 §5・5 で，多原子分子のモル熱容量についてはⅢ巻 §6・5 で詳しく説明した．少し復習する．

　たとえば，1 mol の気体からなる系が外界から熱エネルギー Q をもらって，系の温度が ΔT（$= T_2 - T_1$）上がったとする．モル熱容量 C は，

$$C = \frac{Q}{\Delta T} \tag{3・1}$$

と定義される．もしも，定容過程ならば，(2・10)式で示したように $Q_V = \Delta U$ が成り立つから，定容過程でのモル熱容量は，

$$C_V = \frac{Q_V}{\Delta T} = \frac{\Delta U}{\Delta T} \tag{3・2}$$

となる．ここで，定容過程であることを示すために，モル熱容量 C と熱エネルギー Q に V を添えた．C_V を定容モル熱容量という．ただし，モル熱容量は熱力学的過程が進む間，常に一定の値をとるとは限らない．温度に依存するかもしれない．そこで，微小変化を使って，次のように表すことにする．

$$C_V = \frac{\delta Q_V}{\mathrm{d}T} = \left(\frac{\partial U}{\partial T}\right)_V \tag{3・3}$$

右辺は体積が一定の条件で，内部エネルギーの温度に対する微小変化を表す．定容過程で C_V が温度に依存しなければ，(3・3)式を $C_V dT = dU$ として両辺を積分すると，$C_V \Delta T = \Delta U$ となって(3・2)式が得られる．

　内部エネルギー U は，1 mol の分子のエネルギーの総和の平均値 $\langle E \rangle$ を使うと，

$$U = E_{物質内} = \langle E_{並進} \rangle \qquad\qquad （単原子分子）$$

$$U = E_{物質内} = \langle E_{並進} \rangle + \langle E_{回転} \rangle + \langle E_{振動} \rangle \quad （二原子分子，多原子分子）$$

$$(3・4)$$

と近似できる〔(2・3)式，(2・5)式参照〕．ここで，$E_{電子}$ のエネルギー準位の間隔は熱エネルギーに比べてとても広く，モル熱容量には関係しないので省略した（Ⅲ巻 §5・5 参照）*．内部エネルギーはそれぞれの運動の和で表されるので，モル熱容量 C_V も，それぞれの運動の寄与の和で表される．

$$C_V = \frac{\partial \langle E_{並進} \rangle}{\partial T} = C_{並進} \qquad\qquad （単原子分子）$$

$$C_V = \frac{\partial \langle E_{並進} \rangle}{\partial T} + \frac{\partial \langle E_{回転} \rangle}{\partial T} + \frac{\partial \langle E_{振動} \rangle}{\partial T} \qquad (3・5)$$

$$= C_{並進} + C_{回転} + C_{振動} \qquad （二原子分子，多原子分子）$$

　それぞれの運動のモル熱容量 C_V に対する寄与（$C_{並進}$，$C_{回転}$，$C_{振動}$）が，具体的にどのような値になるかについては，Ⅲ巻（§5・5 と §6・5）で詳しく説明した．ここでは結果だけを示すことにする．

　質量中心が3次元空間で移動する並進運動の自由度は3であり，モル熱容量への寄与は一つの運動の自由度について $(1/2)R$ である．そうすると，すべての分子の $C_{並進}$ はモル気体定数 R の 3/2 倍である．

$$C_{並進} = 3 \times (1/2)R = (3/2)R \qquad (3・6)$$

$C_{並進}$ は原子，分子の種類に依存せずに同じ値になる．

　$C_{回転}$ は直線分子と非直線分子で異なる．3次元空間での回転運動の自由度は並進運動と同様に3であるが，直線分子では結合軸まわりの回転で原子核の位置が動かないので回転運動ではない．つまり，直線分子の回転運動の自由度は2であり，非直線分子の回転運動の自由度は3である．したがって，$C_{回転}$ は次

---

　*　室温の熱エネルギーはエネルギーの大きさが足りないので，原子，分子は電子基底状態から電子励起状態になれないという意味．

のようになる.

$$C_{回転} = 2\times(1/2)R = (2/2)R \quad (直線分子)$$
$$C_{回転} = 3\times(1/2)R = (3/2)R \quad (非直線分子) \tag{3・7}$$

一方, $C_{振動}$ は $C_{並進}$ や $C_{回転}$ と異なり, 分子の種類, すなわち, 基本振動数に依存し, 系の温度 T にも依存する. 具体的な式は次のようになる〔III巻(5・51)式〕.

$$C_{振動} = R\Big(\frac{\Theta_{振動}}{T}\Big)^2 \frac{\exp(-\Theta_{振動}/T)}{\{1-\exp(-\Theta_{振動}/T)\}^2} \tag{3・8}$$

ここで, 振動温度 $\Theta_{振動}$ は $h\nu_e/k_B$ で定義され, プランク定数 h に分子の基本振動数 ν_e を掛け算し, ボルツマン定数 k_B で割り算した値である〔III巻(5・29)式〕. 二原子分子には1種類の振動運動 (伸縮振動) しかないので, 一つの振動温度を考えればよい. 多原子分子になると, 伸縮振動のほかに変角振動などがある. それぞれの振動温度を考えて, (3・8)式の右辺の総和をとる必要がある. ただし, 一般的に, 伸縮振動のエネルギー準位の間隔は, 室温での熱エネルギーの大きさに比べて広いので (II巻§2・4参照), $E_{電子}$ と同様にモル熱容量にはほとんど関係しない (前ページの脚注参照). 一方, 変角振動のエネルギー準位の間隔は, 伸縮振動のエネルギー準位の間隔に比べて狭いので, 室温でも, ある程度のモル熱容量への寄与がある (表3・1).

表 3・1　定容モル熱容量 C_V に対するそれぞれの運動の寄与

分子の種類	分子の形	$C_{並進}$	$C_{回転}$	$C_{振動}$†	$C_V (= C_{並進}+C_{回転}+C_{振動})$
単原子分子		$(3/2)R$	0	0	$(3/2)R$
二原子分子		$(3/2)R$	$(2/2)R$	0	$(5/2)R$
多原子分子	直線分子	$(3/2)R$	$(2/2)R$	$\sum C_{変角振動}$	$(5/2)R+\sum C_{変角振動}$
	非直線分子	$(3/2)R$	$(3/2)R$	$\sum C_{変角振動}$	$(6/2)R+\sum C_{変角振動}$

† 伸縮振動の寄与は $\sum C_{伸縮振動} = 0$ と近似. $\sum$ は振動運動に関する総和を表す.

3・2　エンタルピーと定圧モル熱容量

　もしも, 定圧過程で, 系が外界から熱エネルギー Q_P (添え字の P は定圧過程を表す) をもらったならば, (2・13)式から,

$$Q_P = \Delta U-(-P\Delta V) = \Delta U+P\Delta V \tag{3・9}$$

が成り立つ. 定圧過程では, 系が外界からもらった熱エネルギー Q_P は, 系の温度に関係する内部エネルギーの変化量 ΔU と, 外界に与える仕事エネルギー ($P\Delta V$) に分配される. そこで, 内部エネルギーに仕事エネルギーを考慮した新たなエネルギーを, 次のように定義する.

$$H = U - (-PV) = U + PV \qquad (3\cdot10)$$

この状態関数を"エンタルピー"とよぶ (ギリシャ語で"温める"という意味). 内部エネルギー U も圧力 P も体積 V も状態量なので, エンタルピー H は状態量である. つまり, ある状態の系のエンタルピーは一義的に決まる.

　エンタルピー H を微小変化で表せば,

$$\mathrm{d}H = \mathrm{d}U + P\mathrm{d}V + V\mathrm{d}P \qquad (3\cdot11)$$

となる. ここで, 状態関数は完全微分になるので (10 ページの脚注 2 参照), PV については積の微分を利用した. ただし, 定圧過程では P が定数なので, 微小変化 $\mathrm{d}P$ は 0 である. したがって, 定圧過程でのエンタルピーの微小変化 $\mathrm{d}H$ は,

$$\mathrm{d}H = \mathrm{d}U + P\mathrm{d}V \qquad (3\cdot12)$$

となる. 外界から熱エネルギーをもらう前の平衡状態 1 から, もらった後の平衡状態 2 まで積分すれば, エンタルピーの変化量 ΔH を計算できる.

$$\Delta H = H_2 - H_1 = \int_{U_1}^{U_2} \mathrm{d}U + P\int_{V_1}^{V_2} \mathrm{d}V = \Delta U + P\Delta V = Q_P \qquad (3\cdot13)$$

つまり, 定圧過程で外界からもらった熱エネルギー Q_P は, 内部エネルギーの変化量 ΔU ではなく, エンタルピーの変化量 ΔH に等しい.

　定容過程と定圧過程で, 外界から熱エネルギーをもらう吸熱の場合に, 系と外界がどのようにエネルギーをやり取りするかを図 3・1 に示す. わかりやすくするために, 状態関数 H を U と PV に分けて横に並べて描き, それらの大きさを長方形の高さで示した. 定容過程〔図 3・1(a)〕では圧力 P が変わるので, 内部エネルギーの変化 ΔU 以外に $V\Delta P$ の変化もある. しかし, $V\Delta P$ は系の体積が変わらないので, 外界とやり取りする仕事エネルギーではない (§1・4 参照). 一方, 定圧過程〔図 3・1(b)〕では, 内部エネルギーの変化 ΔU 以外に $P\Delta V$ の変化もある. $P\Delta V$ は系の体積が変わるので, 外界とやり取りする仕事エネルギーである.

　(3・13)式を(3・1)式に代入すれば, 定圧過程でのモル熱容量を次のように定義できる.

(a) 定容過程($V_1 = V_2 = V,\ P_2 > P_1$)

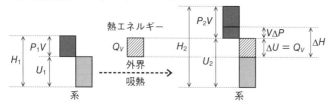

(b) 定圧過程($P_1 = P_2 = P,\ V_2 > V_1$)

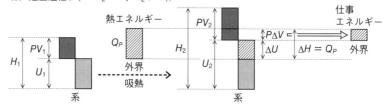

図 3・1　同じ ΔU にするために必要な熱エネルギー $\boldsymbol{Q_V}$ と $\boldsymbol{Q_P}$ の比較

$$C_P = \frac{Q_P}{\Delta T} = \frac{\Delta H}{\Delta T} \tag{3・14}$$

ここで，定圧過程であることを示すために，モル熱容量 C にも P を添えた．これを定圧モル熱容量という．また，C_P はエンタルピーの温度に対する微小変化を使って，次のように表される．

$$C_P = \frac{\delta Q_P}{\mathrm{d}T} = \left(\frac{\partial H}{\partial T}\right)_P \tag{3・15}$$

C_V と C_P の差を調べてみよう．もしも，系が 1 mol の理想気体ならば，$PV = RT$ の状態方程式が成り立つ．定圧過程では $P\mathrm{d}V = R\mathrm{d}T$ だから，(3・12) 式は，

$$\mathrm{d}H = \mathrm{d}U + R\mathrm{d}T \tag{3・16}$$

となる．両辺を $\mathrm{d}T$ で割り算して(3・15)式に代入すると，C_P は，

$$C_P = \left(\frac{\partial U}{\partial T}\right)_P + R = \left(\frac{\partial U}{\partial T}\right)_V + R = C_V + R \tag{3・17}$$

となる．ここで，理想気体の内部エネルギーは温度のみに依存するので（21 ページの脚注参照），$(\partial U/\partial T)_P = (\partial U/\partial T)_V$ とおいた．結局，理想気体の C_P は C_V よりもモル気体定数 R だけ大きな値になる．定圧過程では，外界からもらった熱エネルギーの一部を仕事エネルギーに使うので，内部エネルギーの変

化量 ΔU は少なくなる〔(3・9)式参照〕. 逆にいえば, 温度を同じ ΔT だけ上げるためには (同じ ΔU にするためには), 定圧過程の熱エネルギー Q_P は定容過程の熱エネルギー Q_V よりも多く必要になる (図3・1参照). つまり, C_P のほうが C_V よりも大きい.

なお, 等温過程では, (3・1)式のモル熱容量の定義からわかるように, 温度が変わらないのでモル熱容量には意味がない. また, 断熱過程では, $Q = 0$ なのでモル熱容量には意味がない.

3・3 代表的な気体の定圧モル熱容量

モル熱容量は標準圧力 (1 atm) で測定されることが多い (定圧過程). 代表的な気体の C_P の実測値と計算値を表3・2で比較した. 計算式の欄には, 表3・1の C_V にモル気体定数 R を足し算した式が書いてある. アルゴン Ar などの単原子分子からなる気体の C_P の実測値は, すべて 20.79 J K^{-1} mol^{-1} で一致する. 同じ平衡状態ならば, 並進エネルギーは分子の種類に依存しないからである. また, この値は理想気体を仮定したときの計算値 $(5/2)R$ とも一致する

表 3・2 代表的な気体の定圧モル熱容量 C_P の実測値 (1 atm, 298.15 K) と計算値の比較

分子の種類	分子の形	気体	実測値/ J K^{-1} mol^{-1}	計算値/ J K^{-1} mol^{-1}	計算式 $C_P = C_V + R$
単原子分子		He	20.79		
		Ne	20.79	20.79	$(5/2)R$
		Ar	20.79		
		Kr	20.79		
二原子分子		H$_2$	28.82		
		N$_2$	29.12	29.10	$(7/2)R$
		O$_2$	29.36		
		CO	29.14		
多原子分子	直線分子	CO$_2$	37.11	29.10 [37.42][†1]	$(7/2)R$ [$(9/2)R$][†1]
	非直線分子[†2]	NH$_3$	35.06	33.26	$(8/2)R$
		CH$_4$	35.31		

†1 変角振動 (二重に縮重) の寄与 $2 \times (1/2)R$ を考慮.
†2 H$_2$O (氷, 水, 水蒸気) の C_P は図7・3に掲載.

$(2.5×8.314⋯\,\mathrm{J\,K^{-1}\,mol^{-1}})$. つまり，単原子分子からなる気体は，理想気体として近似できることを意味する．表 3・2 の実測値は 25℃（298.15 K）の値を示したが，単原子分子には振動運動がないので，C_P は温度に関係なく常に同じ値になる*．

　窒素 N_2 などの二原子分子からなる気体の C_P の実測値は，約 29.10 J K^{-1} mol^{-1} である．この値は計算式 $(7/2)R$ と一致する．ただし，わずかであるが，$H_2 < N_2 < CO < O_2$ の順序で C_P の実測値は大きくなる．この違いは，表 3・1 で 0 と近似した $C_{振動}$ の違いによるものである．$(3・8)$式からわかるように，基本振動数 ν_e が低くなると振動温度 $\Theta_{振動}$ が低くなり，分母が 0 に近づき，$C_{振動}$ は大きな値になる．伸縮振動のエネルギー準位の間隔 $h\nu_e$ が狭くなると，外界からもらった熱エネルギーを使って，振動励起状態になる分子が増えるという意味である．Ⅱ巻の表 5・2 で示したように，基本振動数 ν_e は $H_2 > N_2 > CO > O_2$ の順番に低くなるので，この順番で C_P の実測値は大きくなる．

　$C_{振動}$ を無視すれば，二酸化炭素 CO_2 の C_P は二原子分子と同じ $(7/2)R$ になる．しかし，CO_2 分子には基本振動数 ν_e の低い二重に縮重した変角振動がある（Ⅱ巻 12 章参照）．したがって，$\sum C_{変角振動} = 2×(1/2)R$ を足し算する必要がある．$(9/2)R$ にモル気体定数 R（$= 8.314⋯\,\mathrm{J\,K^{-1}\,mol^{-1}}$）を代入して計算すると 37.42 J K^{-1} mol^{-1} となり，実測値の 37.11 J K^{-1} mol^{-1} とほぼ一致する．一方，CH_4 分子も NH_3 分子も非直線分子なので，C_P の計算式は $C_V + R = (8/2)R$ となる．モル気体定数 R を代入して計算すると，33.26 J K^{-1} mol^{-1} となる．C_P の実測値はメタン CH_4 もアンモニア NH_3 も約 35 J K^{-1} mol^{-1} だから，計算値と約 2 J K^{-1} mol^{-1} の差がある．この差が変角振動の C_P への寄与 $\sum C_{変角振動}$ を反映する（Ⅲ巻図 6・3 参照）．ただし，H 原子が関与する変角振動の基本振動数 ν_e は高く，CO_2 分子の変角振動の寄与〔$2×(1/2)R = R ≈ 8.314\,\mathrm{J\,K^{-1}\,mol^{-1}}$〕に比べれば，室温での寄与は小さい．

3・4　内部エネルギーとエンタルピーの変化量の計算

　定容モル熱容量 C_V がわかれば，平衡状態 1 から平衡状態 2 に変化するときの内部エネルギーの変化量 ΔU を，次のように計算できる〔$(3・3)$式参照〕．

---

*　理想気体でなければ，単原子分子の C_P は温度に少し依存する．

$$\Delta U = U_2 - U_1 = \int_{T_1}^{T_2} C_V \, dT \qquad (3 \cdot 18)$$

もしも，単原子分子からなる理想気体のように，C_V が温度に依存しなければ，C_V を定数として積分の外に出して，内部エネルギーの変化量は，

$$\Delta U = C_V(T_2 - T_1) = C_V \Delta T \qquad (3 \cdot 19)$$

と計算できる．これは (3・2)式の定容モル熱容量の定義と同じ式である．同様に，定圧モル熱容量 C_P がわかれば，平衡状態 1 から平衡状態 2 に変化するときのエンタルピーの変化量 ΔH を，次のように計算できる〔(3・15)式参照〕．

$$\Delta H = H_2 - H_1 = \int_{T_1}^{T_2} C_P \, dT \qquad (3 \cdot 20)$$

もしも，単原子分子からなる理想気体のように，C_P が温度に依存しなければ，

$$\Delta H = C_P(T_2 - T_1) = C_P \Delta T \qquad (3 \cdot 21)$$

となる〔(3・14)式参照〕．

二原子分子でも，伸縮振動の基本振動数 ν_e が高ければ，振動運動の熱容量への寄与を無視できる．一方，変角振動など，基本振動数の低い振動運動がある多原子分子の熱容量は，温度に強く依存する．たとえば，二酸化炭素 CO_2 とメタン CH_4 の C_P の温度依存性を図 3・2 に示す[*]．CO_2 分子の変角振動の基本振動数 ν_e は CH_4 分子よりも低いので，室温では二酸化炭素の C_P のほう

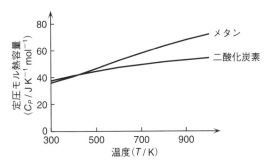

図 3・2　二酸化炭素とメタンの定圧モル熱容量の温度依存性（1 atm）

---

[*]　図 3・2 のメタンの C_P $(= C_V + R)$ の温度依存性は，表 3・2 の並進エネルギーと回転エネルギーの寄与を含む 33.26 J K^{-1} mol^{-1}〔$= (8/2)R$〕に，III 巻図 6・3 のすべての振動運動の熱容量に対する寄与を足し算すると再現できる．

が大きい（表 3・2 参照）．しかし，400 K 以上の高温になると，伸縮振動を含めたすべての振動運動の C_P への寄与が顕著になる．CH_4 分子の振動運動は 9 種類（Ⅱ巻 §16・2 参照），CO_2 分子の振動運動は 4 種類（Ⅱ巻 §12・2 参照）なので[*1]，メタンの C_P のほうが大きくなる．

　図 3・2 からわかるように，メタンの C_P は温度 T にほぼ比例するので，次のように直線で近似できる．

$$C_P = 20.3 + 0.0528T \tag{3・22}$$

そうすると，たとえば，外界から熱エネルギーを与えて，定圧過程で 1 mol のメタンを 25℃（298.15 K）から 125℃（398.15 K）に変化させたときのエンタルピーの変化量 ΔH は，（3・22）式を（3・20）式に代入して，

$$\begin{aligned}
\Delta H &= \int_{298.15}^{398.15} (20.3 + 0.0528T)\,\mathrm{d}T \\
&= 20.3 \times (398.15 - 298.15) + (0.0528/2) \times (398.15^2 - 298.15^2) \\
&\approx 3868\,\mathrm{J}
\end{aligned} \tag{3・23}$$

と計算できる．これに対して，定圧過程で 1 mol のアルゴンを 298.15 K から 398.15 K に変化させたときのエンタルピーの変化量 ΔH は，（3・21）式より，

$$\Delta H = 20.79 \times (398.15 - 298.15) = 2079\,\mathrm{J} \tag{3・24}$$

となる．つまり，温度を同じように 100℃（100 K）上げるために，メタンはアルゴンの約 2 倍の熱エネルギーが必要である．その理由は，熱エネルギーが並進エネルギーのほかに，回転エネルギーや振動エネルギーにも使われるからである．気体の温度は並進エネルギーによって決まり，回転エネルギーや振動エネルギーは直接には関係しない[*2]．

　定圧過程以外の熱力学的過程で，エンタルピーがどのように変化するかを調べてみよう．エンタルピーの定義から，エンタルピーの微小変化は次のように表される〔（3・11）式〕．

$$\mathrm{d}H = \mathrm{d}U + P\mathrm{d}V + V\mathrm{d}P \tag{3・25}$$

あるいは，1 mol の理想気体ならば $PV = RT$ が成り立つから，

$$\mathrm{d}H = \mathrm{d}U + R\mathrm{d}T \tag{3・26}$$

    ＊1　分子を構成する原子数を N とすると，直線分子の振動運動の種類の数は $3N-5$，非直線分子の振動運動の種類の数は $3N-6$ と計算できる（Ⅱ巻 §13・1 参照）．

    ＊2　気体の温度を温度計で測るときに，分子が温度計に衝突するエネルギー（並進エネルギー）が増えなければ，同じ位置で回転運動や振動運動が速くなっても，温度は上がったことにならない．

となる．両辺を積分すれば，エンタルピーの変化量 ΔH は，

$$\Delta H = \Delta U + R\Delta T \tag{3・27}$$

と表される．定容過程では，(3・27)式に(3・19)式の $\Delta U = C_V\Delta T$ を代入すれば，エンタルピーの変化量 ΔH は，

$$\Delta H = C_V\Delta T + R\Delta T = (C_V+R)\Delta T = C_P\Delta T \tag{3・28}$$

となって，定圧過程の(3・21)式と同じ式が得られる．

等温過程では $\Delta T = 0$ および $\Delta U = 0$ だから，これらを (3・27)式に代入すれば，エンタルピーの変化量 ΔH は 0 となる．一方，断熱過程では，1 mol の理想気体の内部エネルギーの変化量は $\Delta U = \{1/(\gamma-1)\}R\Delta T$（表2・1参照）だから，これを (3・27)式に代入すれば，

$$\Delta H = \frac{1}{\gamma-1}R\Delta T + R\Delta T = \frac{\gamma}{\gamma-1}R\Delta T \tag{3・29}$$

となる．ここで，$\gamma = C_P/C_V$ と $R = C_P-C_V$〔(3・17)式参照〕を代入すれば，(3・28)式が得られる．つまり，内部エネルギーと同様に，エンタルピーは温度に依存するエネルギーを表す状態量なので，温度の上昇 ΔT が同じならば，どのような熱力学的過程でも，1 mol の理想気体のエンタルピーの変化量は $C_P\Delta T$ となる（等温過程では $\Delta T = 0$）．

四つの熱力学的過程で，熱エネルギー，仕事エネルギー，内部エネルギーの変化量，エンタルピーの変化量を表3・3にまとめた．ここでは 1 mol の理想気体の準静的な過程を仮定し，モル熱容量は温度に依存しないとした．どのよ

表 3・3 四つの熱力学的過程での理想気体(1 mol)のエネルギー変化[†1]

熱力学的過程	Q	W	$\Delta U\ (= Q+W)$	$\Delta H\ (= \Delta U+R\Delta T)$[†2]
定容過程	$C_V\Delta T$	0	$C_V\Delta T$	$C_P\Delta T$
定圧過程	$C_P\Delta T$	$-R\Delta T$	$C_V\Delta T$[†3]	$C_P\Delta T$
等温過程	$RT\ln\left(\dfrac{V_2}{V_1}\right)$	$-RT\ln\left(\dfrac{V_2}{V_1}\right)$	$C_V\Delta T\ (= 0)$	$C_P\Delta T\ (= 0)$
断熱過程	0	$\dfrac{1}{\gamma-1}R\Delta T$	$C_V\Delta T$[†4]	$C_P\Delta T$

†1 熱容量は温度に依存しないと仮定．
†2 $\Delta(PV) = R\Delta T$．
†3 $C_P\Delta T - R\Delta T = (C_P-R)\Delta T = C_V\Delta T$．
†4 $\{1/(\gamma-1)\}R\Delta T = \{C_V/(C_P-C_V)\}(C_P-C_V)\Delta T = C_V\Delta T$．

うな熱力学的過程でも，内部エネルギーの変化量は $C_V\Delta T$，エンタルピーの変化量は $C_P\Delta T$ で表される．言い換えると，温度の上昇 ΔT が同じになるようにするためには，それぞれの熱力学過程で熱エネルギー Q の大きさを変える必要がある（図3・1参照）．

3・5 断熱過程で成り立つポアソンの式

断熱過程で圧力と体積がどのように微小変化するか，モル熱容量を使って調べてみよう．断熱過程では，外界から系に与えられる熱エネルギー Q は0だから，内部エネルギーの微小変化は，

$$dU = -PdV \qquad (3・30)$$

と表される〔(2・13)式参照〕．また，内部エネルギーの微小変化は C_V を使うと，

$$dU = C_V dT \qquad (3・31)$$

と表される〔(3・3)式参照〕．(3・30)式と(3・31)式の右辺は等しいから，

$$C_V dT = -PdV \qquad (3・32)$$

が得られる．1 mol の理想気体ならば，状態方程式 $P = RT/V$ を代入して整理すると，

$$\frac{C_V}{T}dT = -\frac{R}{V}dV \qquad (3・33)$$

となる．また，(3・17)式で示したように，$C_P = C_V + R$ が成り立つから，

$$\frac{C_V}{T}dT = \frac{C_V - C_P}{V}dV \qquad (3・34)$$

となる．C_V と C_P が温度に依存しない定数ならば，(3・34)式の両辺を積分して，

$$C_V \ln\left(\frac{T_2}{T_1}\right) = (C_V - C_P)\ln\left(\frac{V_2}{V_1}\right) \qquad (3・35)$$

が得られる．ここで，$\gamma = C_P/C_V$ とおいて整理すると*，

$$\ln\left(\frac{T_2}{T_1}\right) = (1-\gamma)\ln\left(\frac{V_2}{V_1}\right) \qquad (3・36)$$

が成り立つ．したがって，

---

* $\gamma-1 = C_P/C_V-1 = (C_P-C_V)/C_V = R/C_V$ となって，$\gamma-1$ はどのような分子でも正の値になる．

$$\frac{T_2}{T_1} = \left(\frac{V_2}{V_1}\right)^{1-\gamma} \tag{3・37}$$

となる．さらに，1 mol の理想気体の状態方程式 $PV = RT$ を用いて整理すると，

$$\frac{P_2}{P_1} = \left(\frac{V_2}{V_1}\right)^{-\gamma} \tag{3・38}$$

となる．つまり，

$$P_1V_1^{\gamma} = P_2V_2^{\gamma} = c \text{（定数）} \tag{3・39}$$

が得られる．これをポアソンの式という〔(2・21)式参照〕．

章末問題

3・1　図 3・1 では理想気体を考えて，定容過程の $V\Delta P$ と定圧過程の $P\Delta V$ を同じ高さで描いた．その理由を答えよ．

3・2　大気の成分である窒素，酸素，アルゴン，二酸化炭素のそれぞれ 1 mol に，同じ大きさの熱エネルギーを与えたとする．温度が高くなる順番を答えよ．

3・3　振動運動の寄与を除くと，H_2O 分子からなる気体の C_V と C_P はどのような式になるか．

3・4　問題 3・3 で，変角振動の寄与を考慮すると，どのような式になるか．

3・5　定容過程で，2 mol のアルゴンの温度を 300 K から 400 K に上げるために必要な熱エネルギーを計算せよ．

3・6　定容過程で，2 mol の窒素の温度を 300 K から 400 K に上げるために必要な熱エネルギーを計算せよ．振動運動の寄与は無視してよい．

3・7　定圧過程で，2 mol のアルゴンの温度を 300 K から 400 K に上げるために必要な熱エネルギーを計算せよ．

3・8　定圧過程で，1 mol のメタンの温度を 500 K から 700 K に上げるために必要な熱エネルギーを計算し，300 K から 500 K に上げるために必要な 8284 J と比較せよ．$C_P = 20.3 + 0.0528T \text{ J K}^{-1}\text{mol}^{-1}$ とする．

3・9　断熱過程で，2 mol のアルゴン（$\gamma = 5/3$）の温度を 300 K から 400 K に上げたときのエンタルピーの変化量を計算せよ．

3・10　振動運動の熱容量への寄与を無視できるとする．直線分子と非直線分子のポアソンの式の γ を計算せよ．ただし，理想気体とする．

4
エントロピーと
熱力学第二法則

　　無秩序な状態は，秩序ある状態に比べて微視的状態の総数（状態和）
が多い．状態和に関する状態量をエントロピーという．不可逆過程で
は，エントロピーが増える方向に，状態が自然に変化する．これを熱
力学第二法則という．系と外界が熱エネルギー δQ をやりとりする可
逆過程では，$\delta Q/T$ を積分すればエントロピーの変化量を計算できる．

4・1　非平衡状態から平衡状態への不可逆過程

　　断熱材に囲まれた容器に，1 mol の分子が入っていたとする．つまり，孤立
系である*．かりに，すべての分子が容器の左半分にある状態を考える〔図
4・1(a)〕．これはすべての分子がそろって左にいるので"秩序ある状態"とよ
ぶことにする．また，秩序ある状態では，容器の中の数密度が左と右で不均一
だから，非平衡状態である．しかし，時間が経てば，分子は右半分にも自由に
動くことができるので，平衡状態になる〔図4・1(b)〕．分子が右にも左にも
自由に動くことができる状態を"無秩序な状態"とよぶことにする．無秩序な
状態では容器の中の数密度は均一になる．

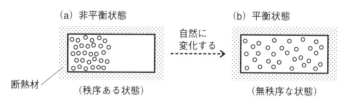

図 4・1　**断熱材で囲まれた容器の中の気体の拡散**（不可逆過程）

---

　　*　確率分布で状態量を議論するときに，外界とエネルギーをやり取りしない孤立系の分子集団
　　を，ミクロアンサンブル（小正準集団）という．外界とエネルギーをやり取りする閉鎖系の分子集
　　団を，カノニカルアンサンブル（正準集団）という．また，外界と物質をやり取りする開放系の分
　　子集団を，グランドカノニカルアンサンブル（大正準集団）という．

　ここで問題になるのは，どうして，非平衡状態（秩序ある状態）から平衡状態（無秩序な状態）に，自然に変化するかということである．もしも，非平衡状態の分子集団のエネルギーが高くて，平衡状態の分子集団のエネルギーが低ければ，川の水が山から海に流れるように，自然に状態が変化するかもしれない．しかし，図4・1の非平衡状態から平衡状態に変化する過程で，容器は断熱材で囲まれているから，系は外界と熱エネルギー Q をやり取りしていない．また，容器の中の分子の移動であって，系全体の体積 V は変化しないから（$\Delta V = 0$），系が外界と仕事エネルギー W をやり取りしているわけでもない．つまり，熱力学第一法則（$\Delta U = Q + W$）を考えれば，図4・1(a)の非平衡状態から図4・1(b)の平衡状態への変化では，系の内部エネルギーは変化しない（$\Delta U = 0 + 0 = 0$）．もちろん，内部エネルギー U が変化しないから，系全体の温度 T も変化しない（$\Delta T = 0$）．したがって，エンタルピー H も変化しない〔$\Delta H = \Delta U + \Delta(PV) = \Delta U + R\Delta T = 0 + 0 = 0$〕．しかし，エネルギーが同じであるにもかかわらず，非平衡状態から平衡状態に自然に変化する．まるで，水平に置かれた樋の中の水が，マジックショーのごとく，自然に左から右に流れるようなものである．しかも，エネルギーが同じであるにもかかわらず，逆に，無秩序な平衡状態〔図4・1(b)〕から，秩序ある非平衡状態〔図4・1(a)〕に変化することはない．したがって，図4・1の孤立系で，非平衡状態から平衡状態への変化は不可逆過程である．

4・2　微視的状態と状態和

　図4・1の不可逆過程を説明するために，まずは，断熱材に囲まれた容器に1個の分子が入っているとする（図4・2，断熱材を省略して描く）．この容器を左半分と右半分に分けて考えると，平衡状態では分子が自由に動くから，左にいる状態と右にいる状態の2種類が考えられる．ここで，系全体の"状態"という言葉と区別するために，これらの分子レベルでの状態を"微視的状態"と

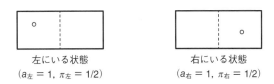

図 4・2　1個の分子の微視的状態の数 a と確率 π（平衡状態）

よぶことにする．また，Ⅲ巻 §4・1 で説明したように，微視的状態の数を a と定義する．微視的状態にエネルギーの差 ΔE がある場合には，ボルツマン分布則を参考にして $a = \exp(-\Delta E/k_\mathrm{B}T)$ であるが，図 4・2 では分子が左にいても右にいてもエネルギーに差がないので，左にいる微視的状態の数 $a_左$ も，右にいる微視的状態の数 $a_右$ も 1 である．Ⅳ巻では，断わらない限り，微視的状態にエネルギーの差がない場合を扱う．つまり，常に，$a = 1$ と考えてよい．

　微視的状態の総数を"状態和"とよんで，ω で表すことにする[*1]．図 4・2 の場合には，

$$\omega = \sum_i a_i = a_左 + a_右 = 1+1 = 2 \qquad （平衡状態） \qquad (4・1)$$

となる．ある微視的状態 i になる確率を π_i で表すと，状態の数 a_i を状態和 ω で割り算して，

$$\pi_i = \frac{a_i}{\sum_i a_i} = \frac{a_i}{\omega} \qquad\qquad (4・2)$$

と定義できる．平衡状態では，分子が左にいる確率 $\pi_左$ も，右にいる確率 $\pi_右$ も 1/2 である．一方，非平衡状態では，分子は必ず左（右でも同じ）にいるという微視的状態だけを考える．つまり，非平衡状態での状態和 ω は，

$$\omega = a_左 = 1 \qquad （非平衡状態） \qquad (4・3)$$

であり，確率は $\pi_左 = a_左/\omega = 1$ となる．

　今度は容器に 2 個の分子が入っているとする．とりあえず，2 個の分子に ① と ② の名前をつけて区別できるとする．そうすると，平衡状態では，図 4・3 (a) に示したように，① も ② も左にある微視的状態，① が左で ② が右にある微視的状態，① が右で ② が左にある微視的状態，① も ② も右にある微視的状態の 4 種類が考えられる．2 個の分子が自由に動くことができる平衡状態の状態和 Ω は[*2]，それぞれの分子の状態和 ω を掛け算して，$\Omega = \omega^2 = 2^2 = 4$ 種類となる．もしも，左と右を区別しなければ，2 個の分子が自由に動くことができる平衡状態では，"一緒にいる"と"別々にいる"の 2 種類の微視的状態を考えればよい〔図 4・3(b) の破線の囲み〕．つまり，状態和 Ω は 2 で割り算して，

$$\Omega = 4/2 = 2 \qquad （平衡状態） \qquad (4・4)$$

[*1]　状態和 ω は Ⅲ巻 §4・1 で説明した分子分配関数 q に相当する．Ⅳ巻ではエネルギーに差がない微視的状態を扱うので，よび方と記号を変えた．

[*2]　Ω は複数の分子の分配関数 Q に相当する．

(a) 左と右を区別する（Ω = 4）

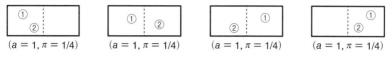

$(a = 1, \pi = 1/4)$ $(a = 1, \pi = 1/4)$ $(a = 1, \pi = 1/4)$ $(a = 1, \pi = 1/4)$

(b) 左と右を区別しない（Ω = 4/2 = 2）

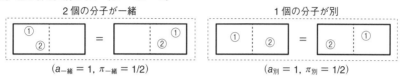

$(a_{一緒} = 1, \pi_{一緒} = 1/2)$　　　　　　$(a_別 = 1, \pi_別 = 1/2)$

図 4・3 2個の分子の状態和 Ω と確率 π（平衡状態）

となる〔Ⅲ巻(4・31)式参照〕.

　一方，非平衡状態では，2個の分子は必ず左（右でも同じ）にいるという微視的状態だけを考えるから，分子の状態和は $\omega = 1$ である. つまり，非平衡状態の状態和は(4・3)式と同様に，$\Omega = 1^2 = 1$ となる. ただし，左と右を区別しなければ，非平衡状態の状態和は2で割り算して，次のようになる.

$$\Omega = 1/2 \quad （非平衡状態） \quad (4・5)$$

　今度は分子の数を3個に増やす. まずは，3個の分子が①，②，③のように区別できるとする. 平衡状態ではすべての分子は自由に動くことができ，左にいる可能性と右にいる可能性がある. それぞれの分子の状態和は $\omega = 2$ だから，平衡状態での状態和は $\Omega = \omega^3 = 2^3 = 8$ となる〔図4・4(a)〕. ただし，左と右を区別する必要はないから，2で割り算して $\Omega = 8/2 = 4$ となる〔図4・4(b)〕. つまり，"3個の分子が一緒" が1通りで，"1個の分子が別" が3通りで，状態和は4である. なお，実際には分子は区別できないので，① ↔ ② のように2個の分子を交換しても，微視的状態は同じである. 3個の分子のなかで2個の分子を交換する方法は3（= $_3C_2 = 3!/2$）通りあるので*，状態和を3で割り算する必要がある（Ⅲ巻§4・5参照）. 結局，3個の分子が自由に動くことができる平衡状態の状態和は $\Omega = 4/3$ となる. 一般的に，N 個の分子が区別できないと考えるときの状態和は $\omega^N/N!$ で表される〔Ⅲ巻(4・31)

＊　ここでは，まず左にいるか右にいるかの2種類を区別しないと考えたので，3! の代わりに $_3C_2$ 通りが区別できないとした. 一般的には，N 個の分子の区別できない微視的状態は $N!$ である. なお，図4・3の2個の分子の場合には，2個の分子を交換したときに区別できない組合わせは $_2C_2 = 1$ 通りなので，状態和の説明では省略した.

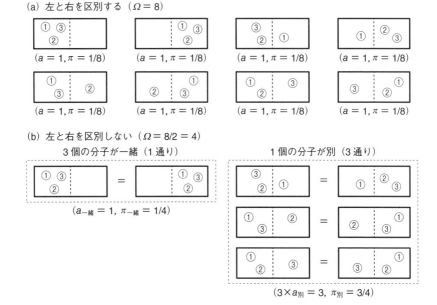

図 4・4 3 個の分子の状態和 Ω と確率 π（平衡状態）

式〕．確かに，$\omega = 2$ で，$N = 3$ の場合には，$\Omega = 2^3/3! = 4/3$ となる．

　一方，非平衡状態では，3 個の分子は必ず左（右でも同じ）にいるという微視的状態だけを考えるから，それぞれの分子の状態和は $\omega = 1$ である．つまり，非平衡状態の状態和は $\Omega = 1^3 = 1$ となる．ただし，左と右を区別しないから 2 で割り算して，さらに，分子の交換で区別できない数 3（$= {}_3C_2$）で割り算して $\Omega = 1/6$ となる．あるいは，$\Omega = \omega^N/N! = 1^3/3! = 1/6$ と計算できる．

4・3 状態和とエントロピー

　さらに分子の数を増やして，1 mol（アボガドロ定数 N_A 個）の分子が自由に動くことができる平衡状態を考える．それぞれの分子の状態和は $\omega = 2$ だから，系全体の状態和 $\Omega_{平衡}$ は，

$$\Omega_{平衡} = \frac{\omega^{N_A}}{N_A!} = \frac{2^{N_A}}{N_A!} \qquad （平衡状態） \qquad (4\cdot6)$$

で表される．一方，非平衡状態では，1 mol のすべての分子が必ず左（右でも同じ）にいる微視的状態だけを考えるから，それぞれの分子の状態和は $\omega = 1$

である．そうすると，非平衡状態の状態和 $\Omega_{非平衡}$ は，

$$\Omega_{非平衡} = \frac{\omega^{N_A}}{N_A!} = \frac{1^{N_A}}{N_A!} = \frac{1}{N_A!} \quad （非平衡状態） \quad (4・7)$$

となる．したがって，分子が自由に動くことができる平衡状態で，非平衡状態のように，すべての分子が左にそろう微視的状態の確率 $\pi_{一緒}$ は，

$$\pi_{一緒} = \frac{\Omega_{非平衡}}{\Omega_{平衡}} = \frac{1/N_A!}{2^{N_A}/N_A!} = \frac{1}{2^{N_A}} \quad (4・8)$$

となる*．アボガドロ定数 N_A は約 $6.022\times10^{23}\,\mathrm{mol^{-1}}$ という莫大な数だから，2^{N_A} も莫大な数になり，$\pi_{一緒}$ は限りなく0に近い．つまり，平衡状態から非平衡状態に戻る可能性はほとんどないという意味である．なお，左と右が区別できないこと，2個の分子の交換で区別できないことを考慮して，状態和を $N_A!$ で割り算したが，状態和の比にすると，$N_A!$ は相殺される．

　一般的に，状態和 Ω はそれぞれの分子の状態和 ω の積で表される．図4・1の平衡状態の状態和を左と右に分けて計算してみよう．平衡状態での数密度は均一だから，左にも右にも $N_A/2$ 個の分子があると考えられる．つまり，左の状態和は $\Omega_{左} = \omega^{N_A/2} = 2^{N_A/2}$ になり，右の状態和も $\Omega_{右} = \omega^{N_A/2} = 2^{N_A/2}$ になる．そうすると，系全体の状態和 $\Omega_{系}$ は左の状態和と右の状態和の積となる．

$$\Omega_{系} = \Omega_{左}\times\Omega_{右} = \omega^{N_A} = 2^{N_A} \quad （平衡状態） \quad (4・9)$$

左と右が区別できないこと，2個の分子の交換で区別できないことを考慮するために，右辺を $N_A!$ で割り算すれば，(4・6)式と一致する．(4・9)式は状態和 Ω が状態量でないことを意味する．なぜならば，状態量は，圧力のように物質量に依存しない示強性状態量（$P_{系} = P_{左} = P_{右}$）か，体積のように物質量に比例する示量性状態量（$V_{系} = V_{左}+V_{右}$）のいずれかであり，積にはならないからである（5ページの脚注2参照）．状態和 Ω に基づく状態量，そして，状態和 Ω が関係するエネルギーをどのように考えたらよいだろうか．

　ボルツマン（L. E. Boltzmann）は，状態和 Ω の自然対数にボルツマン定数 k_B（表1・1参照）を掛け算した物理量を考えて，エントロピー S と名づけた．

$$S = k_B \ln\Omega \quad (4・10)$$

---

*　買ってきたばかりのトランプはマークがそろっていて，また，1からKまで順番に並んでいる．これが秩序ある状態であり，状態和 Ω は1である．トランプを切るとマークも数字もランダムになる．これが無秩序の状態である．ジョーカーを除けば状態和 Ω は 52! となり，膨大な数である．トランプを繰返し切ると，買ってきた順番になる可能性は絶対にないわけではないが，その確率は限りなく0に近い．

エントロピーはギリシャ語で"方向を決める"という意味である．$\ln\Omega$ の単位は無次元だから，エントロピーの単位はボルツマン定数 k_B と同じ $\mathrm{J\,K^{-1}}$ である．このように定義すれば，状態和 Ω とは異なり，エントロピーは示量性状態量になる．たとえば，(4・10)式に(4・9)式を代入すると，系全体のエントロピー $S_\mathrm{系}$ は，

$$S_\mathrm{系} \;=\; k_\mathrm{B}\ln(\Omega_\mathrm{左}\times\Omega_\mathrm{右}) \;=\; k_\mathrm{B}\ln\Omega_\mathrm{左}+k_\mathrm{B}\ln\Omega_\mathrm{右} \;=\; S_\mathrm{左}+S_\mathrm{右} \qquad (4・11)$$

となって，エントロピーが体積のような示量性状態量であることがわかる．

図4・1(a)の非平衡状態が図4・1(b)の平衡状態に変化する場合，エントロピーの変化量 ΔS は，

$$\Delta S \;=\; S_\mathrm{平衡}-S_\mathrm{非平衡} \;=\; k_\mathrm{B}\ln\Omega_\mathrm{平衡}-k_\mathrm{B}\ln\Omega_\mathrm{非平衡} \;=\; k_\mathrm{B}\ln\!\left(\frac{\Omega_\mathrm{平衡}}{\Omega_\mathrm{非平衡}}\right)$$

$$(4・12)$$

と表される．(4・8)式の逆数を代入すれば，エントロピーの変化量 ΔS は，

$$\Delta S \;=\; k_\mathrm{B}N_\mathrm{A}\ln 2 \;=\; R\ln 2 \approx 0.693R \;>\; 0 \qquad (4・13)$$

と計算できる．ここで，ボルツマン定数 k_B は1分子あたりの気体定数だから，$k_\mathrm{B}N_\mathrm{A}$ をモル気体定数 R で置き換えた（表1・1参照）．

一般的に，非平衡状態から平衡状態に自然に変化する孤立系の不可逆過程では，状態和 Ω が大きくなる（$\Omega_\mathrm{平衡}>\Omega_\mathrm{非平衡}$）．そうすると，$\Omega_\mathrm{平衡}/\Omega_\mathrm{非平衡}$ は1よりも大きな数だから，(4・12)式からわかるように，エントロピーの変化量 ΔS は増える（$\Delta S>0$）．そこで，"秩序ある状態から無秩序な状態に自然に変化する孤立系の不可逆過程は，エントロピーが増える方向（$\Delta S>0$）に起こる"という法則が認められている．これを"熱力学第二法則"という．

4・4　可逆過程でのエントロピーの変化量の計算

これまでは，系が外界と熱エネルギーをやり取りしない孤立系で，状態和の変化に伴うエントロピーの変化を考えてきた．それでは，系が外界と熱エネルギーをやり取りする閉じた系で，エントロピーはどのように変化するだろうか．系がたくさんの熱エネルギーをもらうと，分子は激しく動き回るようになるので，無秩序さが増して，エントロピーが増えるような気がする（7章の相変化で詳しく説明する）．まずは，ある平衡状態から別の平衡状態に準静的に変化する可逆過程を考える．外界から熱エネルギーをもらうと，可逆過程でも

系のエントロピーが変化する．その理由を以下に説明する．

　可逆過程で内部エネルギーの微小変化 dU は，熱力学第一法則によって，

$$dU = \delta Q + \delta W \tag{4・14}$$

と表される*．(3・3)式で示したように，内部エネルギーの微小変化は，定容モル熱容量 C_V を使って $dU = C_V dT$ で表される．また，準静的な可逆過程なので，仕事エネルギーの微小変化は $\delta W = -PdV$ で表される．これらを (4・14)式に代入して整理すると，

$$\delta Q = C_V dT + PdV \tag{4・15}$$

となる．ここで 1 mol の理想気体ならば，状態方程式 $PV = RT$ が成り立つから，

$$\delta Q = C_V dT + \frac{RT}{V} dV \tag{4・16}$$

となる．両辺を温度 T で割り算すると，次のようになる．

$$\frac{\delta Q}{T} = \frac{C_V}{T} dT + \frac{R}{V} dV \tag{4・17}$$

　定容モル熱容量 C_V は定数あるいは温度 T の関数である（3章参照）．つまり，dT の係数 C_V/T は温度 T のみの関数である．また，R はモル気体定数であり，dV の係数 R/V は体積 V のみの関数である．したがって，(4・17)式の右辺は完全微分の形である（10ページの脚注2参照）．つまり，$\delta Q/T$ は状態量である．この状態量が，実はエントロピーの微小変化 dS のことである．

$$dS = \frac{\delta Q}{T} \tag{4・18}$$

エントロピーの単位は熱エネルギーの単位 J（ジュール）を温度の単位 K（ケルビン）で割り算するから，ボルツマン定数 k_B の単位と同じ $J\,K^{-1}$ となる〔(4・10)式参照〕．

　たとえば，定容過程（$dV = 0$）では，(4・17)式の第2項は0だから，もしも C_V が温度に依存しなければ，エントロピーの変化量 ΔS は〔(3・3)式参照〕，

$$\Delta S = \int \frac{\delta Q_V}{T} = \int_{T_1}^{T_2} C_V \frac{dT}{T} = C_V(\ln T_2 - \ln T_1) = C_V \ln\left(\frac{T_2}{T_1}\right) \tag{4・19}$$

---

* ここでは，Q を熱力学的過程によらない一般的な熱エネルギーとして扱っているので，添え字をつけない．定容過程ならば Q_V，定圧過程ならば Q_P と考えればよい．

と計算できる. また, 定圧過程 ($dP = 0$) で, 定圧モル熱容量 C_P が温度に依存しなければ, エントロピーの変化量 ΔS は〔(3・15)式参照〕,

$$\Delta S = \int \frac{\delta Q_P}{T} = \int_{T_1}^{T_2} C_P \frac{dT}{T} = C_P(\ln T_2 - \ln T_1) = C_P \ln\left(\frac{T_2}{T_1}\right) \qquad (4 \cdot 20)$$

と計算できる. また, 等温過程 ($dT = 0$) では, (4・17)式の第1項は0だから, エントロピーの変化量 ΔS は,

$$\Delta S = \int \frac{\delta Q}{T} = R\int_{V_1}^{V_2} \frac{dV}{V} = R(\ln V_2 - \ln V_1) = R \ln\left(\frac{V_2}{V_1}\right) \qquad (4 \cdot 21)$$

となる.

断熱過程では $\delta Q = 0$ だから, 当然, エントロピーは変化しない.

$$\Delta S = \int \frac{\delta Q}{T} = \int_{T_1}^{T_2} 0\, dT = 0 \qquad (4 \cdot 22)$$

たとえば, 図2・6(b)の断熱膨張では系の体積が増えるので, 分子が動き回る空間が広がり, 無秩序さが増すような気がする. つまり, エントロピーが増えるような気がする. しかし, 断熱膨張では, 膨張したときに系の温度も下がるので, 分子の動きが少なくなって, 無秩序さが減る. §7・5で詳しく説明するが, 絶対零度では, "どのような物質のエントロピーの値も0である" という熱力学第三法則がある. したがって, 断熱過程では, 体積変化によるエントロピーの変化〔(4・17)式の第2項〕と, 温度変化によるエントロピーの変化〔(4・17)式の第1項〕が相殺して, エントロピーに変化がないと考えればよい.

四つの熱力学的過程 (可逆過程) で, $1\,\mathrm{mol}$ の理想気体のエントロピーがどのように変化するかを表4・1にまとめた (表3・3の温度変化は ΔT で表したが, 表4・1では $T_2 - T_1$ で表した). それぞれの熱力学的過程で, 系が外界からもらう熱エネルギーの大きさ Q は異なるので, エントロピーの変化量 ΔS も異なる. なお, 等温過程では, 理想気体の $P_1V_1 = P_2V_2$ の関係 (ボイルの法則) を利用すると, V_2/V_1 の代わりに P_1/P_2 で表すこともできる.

これまでは, 系のエントロピーの変化量 $\Delta S_系$ のみを考えてきた. 断熱過程を除いて, 系は外界と熱エネルギーをやり取りするから, 外界のエントロピーも変化するはずである. ただし, 外界が系からもらう熱エネルギーは, 系が外界からもらう熱エネルギーと大きさは同じで, 符号が逆である. したがって, (4・18)式からわかるように, 等温過程では, 系と外界のエントロピーの変化量は大きさが同じで, 符号が逆である ($\Delta S_外界 = -\Delta S_系$). つまり, 系と外界

表 4・1 四つの熱力学的過程での理想気体 (1 mol) の
エントロピー変化[†]

熱力学的過程	δQ	$Q\left(=\int \delta Q\right)$	$\Delta S\left(=\int \dfrac{\delta Q}{T}\right)$
定容過程	$C_V dT$	$C_V(T_2-T_1)$	$C_V \ln\left(\dfrac{T_2}{T_1}\right)$
定圧過程	$C_P dT$	$C_P(T_2-T_1)$	$C_P \ln\left(\dfrac{T_2}{T_1}\right)$
等温過程	$\dfrac{RT}{V} dV$	$RT \ln\left(\dfrac{V_2}{V_1}\right)$	$R \ln\left(\dfrac{V_2}{V_1}\right)$
断熱過程	0	0	0

[†] 熱容量は温度に依存しないと仮定.

をあわせた全体のエントロピーの変化量 $\Delta S_{全体}$ は，

$$\Delta S_{全体} = \Delta S_{系} + \Delta S_{外界} = 0 \quad （等温可逆過程） \quad (4・23)$$

となる．等温可逆過程[*]では，系のエントロピー $S_{系}$ は変化するが，全体のエントロピー $S_{全体}$ は変化しない．

4・5 不可逆過程でのエントロピーの変化量の計算

§4・3では，断熱材で囲まれた容器の中の気体の拡散（図4・1）が不可逆過程であることを説明し，エントロピーの変化量を状態和 Ω から計算した．エントロピーは状態量だから，変化する前後の状態が同じならば，不可逆過程でも可逆過程でも，エントロピーの変化量は同じになるはずである．ここでは，気体の拡散（図4・1）の不可逆過程を可逆過程に置き換えて，状態和を使わずにエントロピーの変化量を計算する．どういうことかというと，まずは，気体が拡散する前の非平衡状態〔図4・1(a)〕を等価な平衡状態に置き換える．そして，可逆過程で，気体が拡散した後の平衡状態〔図4・1(b)〕にして，エントロピーの変化量を計算する．

具体的に説明すると，次のようになる．すべての分子が左半分にそろった拡散する前の非平衡状態〔図4・1(a)〕を，圧力 P_1，温度 T_1，体積 V_1 の容器に 1 mol の理想気体を入れた平衡状態1〔図4・5(a)〕に置き換える．このとき

---

[*] ここでは，不可逆過程でない等温過程であることを強調するために，等温<u>可逆</u>過程とよぶ．

のエントロピーを S_1 とする．等温可逆過程でピストンを動かして，気体が拡散した後と同じ平衡状態2〔図4・5(b) ＝ 図4・1(b)〕にする．このときの圧力を $P_2 = P_1/2$，温度を $T_2 = T_1 = T$，体積を $V_2 = 2V_1$，エントロピーを S_2 とする．この等温可逆過程では，系は外界から熱エネルギーをもらうので，エントロピーが変化する．表4・1からわかるように，等温可逆過程でのエントロピーの変化量 ΔS は，

$$\Delta S \;=\; R \ln\!\left(\frac{V_2}{V_1}\right) \;=\; R \ln\!\left(\frac{2V_1}{V_1}\right) \;=\; R \ln 2 \qquad (4・24)$$

となる．この結果は状態和 Ω の変化から計算したエントロピーの変化量を表す(4・13)式と一致する．

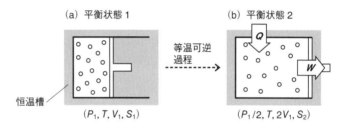

(a) 平衡状態1　　　　　　　　(b) 平衡状態2

等温可逆過程

恒温槽

(P_1, T, V_1, S_1)　　　　$(P_1/2, T, 2V_1, S_2)$

図 4・5　断熱不可逆過程（気体の拡散）の等温可逆過程への置き換え

　断熱材で囲まれた容器の中の気体の拡散（図4・1）では，系と外界が熱エネルギーをやり取りしない孤立系の不可逆過程である．この場合には，系のエントロピーは増えるが（$\Delta S_\text{系} > 0$），外界のエントロピーは変化しない（$\Delta S_\text{外界} = 0$）．したがって，系と外界を合わせた全体のエントロピーの変化量 $\Delta S_\text{全体}$ は，

$$\Delta S_\text{全体} \;=\; \Delta S_\text{系} + \Delta S_\text{外界} \;>\; 0 \qquad (\text{等温不可逆過程}) \qquad (4・25)$$

となる．系と外界が熱エネルギーをやり取りする等温不可逆過程では，$\Delta S_\text{全体}$ はどうなるだろうか．熱エネルギーに関係するエントロピーについては，やはり，(4・23)式が成り立ち，系と外界のエントロピーの変化量の合計は0となる（$\Delta S_\text{系} + \Delta S_\text{外界} = 0$）．そうすると，(4・25)式の不等号の両辺に0を足し算しても，式は変わらないから，系と外界が熱エネルギーをやり取りしてもしなくても，等温不可逆過程の全体のエントロピーの変化量は(4・25)式で表される．また，(4・23)式と(4・25)式をまとめて一つの式で表せば，

$$\Delta S_\text{全体} \;=\; \Delta S_\text{系} + \Delta S_\text{外界} \;\geqq\; 0 \qquad (4・26)$$

となる．不等号が不可逆過程を，等号が可逆過程を表す．

章末問題

4・1 図4・4を参考にして，4個の分子 ①，②，③，④ の状態和（微視的状態の総数）が16であることを示せ．左と右が区別でき，それぞれの分子を区別できるとする．また，区別できないとすると，状態和はいくつになるか．

4・2 1 atm，300 K の容器に1 mol の理想気体が入っている．以下の問いに答えよ．モル熱容量は温度に依存しないとする．

(1) 定容過程で75 J の熱エネルギーを与えると，圧力が1.02 atm に変化した．定容モル熱容量とエントロピーの変化量を計算せよ（解答2・1参照）．

(2) 定圧過程で125 J の熱エネルギーを与えると，温度が306 K になった．定圧モル熱容量とエントロピーの変化量を計算せよ．

(3) 等温過程で，圧力が1.02 atm に変化した．エントロピーの変化量を計算せよ．モル気体定数を $R = 8.3145\,\mathrm{J\,K^{-1}\,mol^{-1}}$ とする．

4・3 定圧過程で，2 mol のアルゴンの温度を300 K から400 K に上げたとする．エントロピーの変化量を計算せよ．$C_P = 20.79\,\mathrm{J\,K^{-1}\,mol^{-1}}$（一定）とする．

4・4 定圧過程で，2 mol のメタンの温度を300 K から400 K に上げたとする．エントロピーの変化量を計算せよ．$C_P = 20.3 + 0.0528T\,\mathrm{J\,K^{-1}\,mol^{-1}}$ とする．

4・5 等温過程で(4・18)式の両辺を積分して，エントロピーの変化量を表す式を求めよ．また，熱エネルギーを表す(2・18)式を利用して，等温過程でのエントロピーの変化量を表す式が(4・21)式と一致することを示せ．

4・6 図4・1の不可逆過程（気体の拡散）を次の可逆過程（断熱過程と定容過程）で置き換える．

$$(P_1, T_1, V_1, S_1) \xrightarrow{\;\;断熱過程\;\;} (P_3, T_3, 2V_1, S_3) \xrightarrow{\;\;定容過程\;\;} (P_1/2, T_1, 2V_1, S_2)$$

(1) 前半の断熱過程でのエントロピーの変化量 $\Delta S(= S_3 - S_1)$ を答えよ．

(2) $\gamma = C_P/C_V$ を使うと，前半の断熱過程での T_3/T_1 はどのような式で表されるか．

(3) C_V と $\gamma = C_P/C_V$ を使うと，後半の定容過程でのエントロピーの変化量はどのような式で表されるか．解答(2)を利用する．

(4) 断熱過程と定容過程のエントロピーの変化量の和が(4・24)式と一致することを示せ．

5

熱機関と熱力学第二法則

　　熱エネルギーを仕事エネルギーに変えて，繰返し仕事をする装置を
熱機関という．等温過程と断熱過程を組合わせて，もとの状態に戻る
理想的な循環可逆過程の熱機関をカルノーサイクルという．また，外
界からもらった熱エネルギーと，外界とやり取りした仕事エネルギー
の比を熱効率という．不可逆機関の熱効率は可逆機関よりも小さい．

5・1　第一種永久機関と第二種永久機関

　　ある平衡状態になっている系が外界から熱エネルギーをもらうと，そのエネ
ルギーを使って，外界に対して仕事をすることができる．たとえば，やかんで
お湯をわかすときに，注ぎ口に紙を置くと，紙は蒸気によって吹き飛ばされ
る．お湯が外界からもらった熱エネルギーを，仕事エネルギーに変えたのであ
る．これはワット（J. Watt）が蒸気機関を思いついたときの逸話として知られ
ている．また，熱エネルギーをもらって仕事をした後に，仕事をする前の状態
に戻る過程を循環過程といい，この循環過程を利用した装置のことを熱機関と
いう*．熱機関は繰返し熱エネルギーを仕事エネルギーに変換できるので，人
間に代わって仕事をさせることができ，とても便利である．たとえば，今では
あまりみられなくなったが，蒸気船や蒸気機関車が熱機関（特に，蒸気機関と
いう）である．これらは石炭や石油を燃やしたときに放出される熱エネルギー
で，水を水蒸気にして，蒸気の力で船や汽車を走らせる．

　　昔は，外界から熱エネルギーをもらわずに，仕事を続ける（仕事エネルギー
を取出す）夢のような機関をつくろうとした．このような機関を第一種永久機
関という．第一種永久機関が不可能であることは，熱力学第一法則（2・7）式
から理解できる．

$$\Delta U = Q + W \tag{5・1}$$

---

*　外界から熱エネルギーをもらうだけでなく，化学反応や核反応など，系のなかで生成する熱エ
ネルギーを利用して，外界に対して仕事をする装置も熱機関という．

機関がもとの状態に戻るということは，すべての状態量がもとの値に戻るということだから，$\Delta U = 0$ である．もしも，外界から熱エネルギーをもらわなければ $Q = 0$ であり，(5·1)式から $W = 0$ となる．つまり，仕事はできない．かりに機関が外界に仕事をしても，もとの状態に戻るためには，外界も機関に同じ仕事エネルギーを与えなければならず，仕事エネルギーを取出したことにはならない[*]．したがって，第一種永久機関は不可能である（図5·1）．逆にいえば，第一種永久機関をつくることが不可能なので，(5·1)式が熱力学第一法則として認められている．

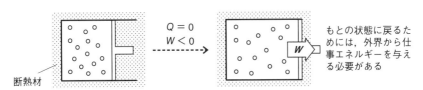

図 5·1　第一種永久機関の仕事エネルギー

第一種永久機関に対して，第二種永久機関なるものも考えられた．これは，外界からもらった熱エネルギーを，すべて仕事エネルギーに変える機関である（図5·2）．熱エネルギーの無駄がなく，理想的な機関といえる．しかし，この第二種永久機関も現実には不可能である．なぜならば，外界から熱エネルギーをもらうためには，系の最初の状態が外界よりも温度の低い状態になっていなければならない．熱エネルギーは温度の高い物質から低い物質に流れるからである（§1·3参照）．そして，系が外界に仕事をした後で，高温の状態か

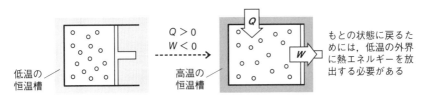

図 5·2　第二種永久機関の熱エネルギーと仕事エネルギー

---

[*]　穀物をひいて粉にする水車は，外界から熱エネルギーをもらわずに仕事を続けるので，第一種永久機関と思うかもしれない．しかし，利用した水を上流に戻すためのエネルギーが必要なので，第一種永久機関ではない．

ら低温の状態に戻るためには，熱エネルギーを放出しなければならない．つまり，放出するための熱エネルギーは仕事エネルギーに使えない．したがって，第二種永久機関は不可能である．トムソン〔W. Thomson，のちのケルビン卿 (Lord Kelvin)〕は，第二種永久機関をつくれないという事実から，"一つの熱源から熱エネルギーを取出して，そのすべての熱エネルギーを仕事エネルギーに変換する熱機関は不可能である"と結論した．これをトムソンの原理という．

5・2　カルノーサイクル（循環可逆過程）

　カルノー（N. L. S. Carnot）は永久機関ではなく，四つの可逆過程を組合わせて，最初の平衡状態に戻る循環（サイクル）可逆過程を考えた（図5・3）．これをカルノーサイクルという．カルノーサイクルは，それぞれの過程が準静的なので，理想的な機関であって，現実には存在しない．しかし，それぞれの過程で，状態量がどのように変化するかを計算できるので，化学熱力学の基礎を理解するために適している．

　カルノーサイクルは次の四つの可逆過程からなる．最初の平衡状態（P_1, T_1, V_1, S_1）から出発して，① 高温 T_1 の外界から熱エネルギー Q_1 をもらって（S_2

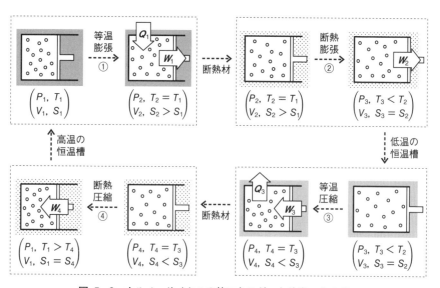

図 5・3　カルノーサイクルの熱エネルギーと仕事エネルギー

$> S_1$），等温膨張過程（$T_2 = T_1$）で外界に仕事 W_1 をする。② 断熱膨張過程（$S_3 = S_2$）で外界に仕事 W_2 をして，温度が下がる（$T_3 < T_2 = T_1$）。③ 等温圧縮過程（$T_4 = T_3$）で外界から仕事 W_3 をされ，低温 T_3 の外界に熱エネルギー Q_3 を放出する（$S_4 < S_3 = S_2$）。④ 断熱圧縮過程（$S_1 = S_4$）で外界から仕事 W_4 をされ，温度が上がって（$T_1 > T_4 = T_3$），もとの平衡状態（P_1, T_1, V_1, S_1）に戻る。① の過程では高温 T_1 の恒温槽（外界）から熱エネルギーをもらい，③ の過程では低温 T_3 の恒温槽（外界）に熱エネルギーを放出するので，カルノーサイクルは第二種永久機関ではない。

　四つのそれぞれの可逆過程で，系が外界とやり取りする熱エネルギーと仕事エネルギーを具体的に調べてみよう。等温膨張過程 ① では温度が変わらないから（$\Delta T = 0$），内部エネルギーの変化量 ΔU（$= Q_1 + W_1$）は 0 である。したがって，外界とやり取りした熱エネルギー Q_1 と仕事エネルギー W_1 は，

$$Q_1 = -W_1 = nRT_1 \ln\left(\frac{V_2}{V_1}\right) \tag{5・2}$$

となる〔(2・18)式参照〕。断熱膨張過程 ② では断熱材で囲まれているので，外界から熱エネルギーが入らない（$Q_2 = 0$）。§2・5で説明したように，ポアソンの式を使うと，仕事エネルギー W_2 は，$T_2 = T_1$ だから，

$$W_2 = \frac{1}{\gamma - 1}(P_3 V_3 - P_2 V_2) = \frac{nR}{\gamma - 1}(T_3 - T_1) \tag{5・3}$$

となる〔(2・24)式と(2・25)式参照〕。等温圧縮過程 ③ では温度が変わらないから（$\Delta T = 0$），内部エネルギーの変化量 ΔU（$= Q_3 + W_3$）は 0 である。したがって，外界とやり取りした熱エネルギー Q_3 と仕事エネルギー W_3 は，(5・2)式と同様に，

$$Q_3 = -W_3 = nRT_3 \ln\left(\frac{V_4}{V_3}\right) \tag{5・4}$$

となる。断熱膨張過程 ④ では断熱材で囲まれているので，外界から熱エネルギーが入らない（$Q_4 = 0$）。しかし，外界から仕事エネルギー W_4 をもらって，もとの平衡状態（P_1, T_1, V_1, U_1）に戻る。(5・3)式と同様に，$T_4 = T_3$ だから，仕事エネルギー W_4 は次のようになる。

$$W_4 = \frac{1}{\gamma - 1}(P_1 V_1 - P_4 V_4) = \frac{nR}{\gamma - 1}(T_1 - T_3) \tag{5・5}$$

(5・2)式〜(5・5)式を(5・1)式の右辺に代入すれば，

$$\Delta U = nRT_1\ln\left(\frac{V_2}{V_1}\right) - nRT_1\ln\left(\frac{V_2}{V_1}\right) + \frac{nR}{\gamma-1}(T_3-T_1)$$
$$+ nRT_3\ln\left(\frac{V_4}{V_3}\right) - nRT_3\ln\left(\frac{V_4}{V_3}\right) + \frac{nR}{\gamma-1}(T_1-T_3) = 0 \tag{5・6}$$

となって，カルノーサイクル（循環可逆過程）では，内部エネルギーが最初の値に戻ることを確認できる.

　カルノーサイクルのそれぞれの過程（等温過程と断熱過程）は，すべて準静的である. つまり，常に系と外界が平衡状態を保ちながら変化する可逆過程である（§1・5参照）. したがって，逆向きの過程（断熱膨張 → 等温膨張 → 断熱圧縮 → 等温圧縮）でも，もとの平衡状態に戻る. その様子を図5・4に示す.

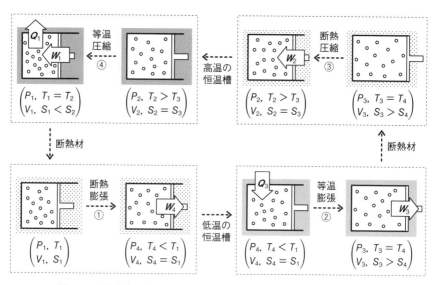

図 5・4　逆向きのカルノーサイクルの熱エネルギーと仕事エネルギー

　逆向きのカルノーサイクルでは，熱エネルギーと仕事エネルギーの向き（符号）が逆になるだけで，それぞれの大きさは変わらない. たとえば，最初の断熱膨張過程 ① では，

$$W_4 = \frac{1}{\gamma-1}(P_4V_4-P_1V_1) = \frac{nR}{\gamma-1}(T_4-T_1) = \frac{nR}{\gamma-1}(T_3-T_1) \tag{5・7}$$

となって，(5・5)式の符号が逆になるだけである. そのほかの外界とやり取り

する仕事エネルギーも熱エネルギーも，符号が逆になるだけなので，ここでは
説明を省略する．

5・3　カルノーサイクルの熱効率

　循環可逆過程で，熱機関が外界からもらう熱エネルギー Q と，外界とやり
取りした仕事エネルギーの合計 W の比のことを熱効率という．熱効率を η
（イータ）で表せば，次のように定義される．

$$\eta = \frac{-W}{Q} \qquad (5\cdot8)$$

仕事エネルギーに負の符号をつけた理由は，系が外界からもらう仕事エネル
ギーを正と定義し，系が外界に与える仕事エネルギーを負と定義しているから
である．このように負の符号をつけると，熱効率 η を正の値で定義できる．

　カルノーサイクルの熱効率 η は，外界とやり取りする仕事エネルギーの合
計〔$-(W_1+W_2+W_3+W_4)$〕を，外界からもらう熱エネルギー Q_1 で割り算し
て，

$$\eta = \frac{-(W_1+W_2+W_3+W_4)}{Q_1} \qquad (5\cdot9)$$

となる．すでに説明したように，循環可逆過程では，もとの状態に戻ると，内
部エネルギーは変化しない．そうすると，熱力学第一法則から，

$$\Delta U = Q_1+W_1+W_2+Q_3+W_3+W_4 = 0 \qquad (5\cdot10)$$

が成り立つ（断熱過程では $Q_2 = Q_4 = 0$）．したがって，次の関係式が得られ
る．

$$Q_1+Q_3 = -(W_1+W_2+W_3+W_4) \qquad (5\cdot11)$$

これを(5・9)式に代入すれば，カルノーサイクルの熱効率 η は，

$$\eta = \frac{Q_1+Q_3}{Q_1} \qquad (5\cdot12)$$

と表される〔図5・5(a)〕．ここで，Q_1 は外界からもらう熱エネルギーだから
正の値，Q_3 は外界に放出する熱エネルギーだから負の値である．したがって，
$(Q_1+Q_3) < Q_1$ だから，カルノーサイクルの熱効率は1未満である．どうい
うことかというと，仕事エネルギーに使われない熱エネルギー Q_3 が大きけれ
ば，熱効率は小さく，Q_3 が小さければ，熱効率は大きい．これに対して，第
二種永久機関では(5・8)式で $W = -Q$，あるいは，(5・12)式で $Q_3 = 0$ と考

えるので，$\eta = 1$ である〔図 5・5(b)〕．つまり，トムソンの原理は"熱効率が $\eta = 1$ の熱機関は不可能である"と表現できる．

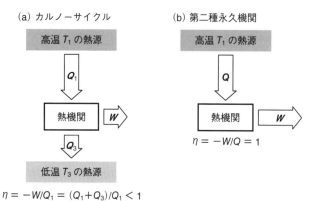

図 5・5　カルノーサイクルと第二種永久機関の熱効率

§5・2 で求めた熱エネルギーを使って，カルノーサイクルの熱効率 η を求めてみよう．(5・2)式と(5・4)式を(5・12)式に代入すると，次のようになる．

$$\eta = \frac{nRT_1 \ln(V_2/V_1) + nRT_3 \ln(V_4/V_3)}{nRT_1 \ln(V_2/V_1)} = \frac{T_1 \ln(V_2/V_1) + T_3 \ln(V_4/V_3)}{T_1 \ln(V_2/V_1)} \tag{5・13}$$

ここでポアソンの式を導いた(3・37)式を使うと，図 5・3 の断熱膨張過程 ② では，

$$\frac{T_3}{T_2} = \frac{T_3}{T_1} = \left(\frac{V_3}{V_2}\right)^{1-\gamma} \tag{5・14}$$

が成り立ち，また，断熱圧縮過程 ④ では，

$$\frac{T_1}{T_4} = \frac{T_1}{T_3} = \left(\frac{V_1}{V_4}\right)^{1-\gamma} \tag{5・15}$$

が成り立つ．そうすると，$V_3/V_2 = V_4/V_1$，つまり，$V_4/V_3 = V_1/V_2$ という関係式が得られる．これを(5・13)式に代入すると，

$$\eta = \frac{T_1 \ln(V_2/V_1) - T_3 \ln(V_2/V_1)}{T_1 \ln(V_2/V_1)} = \frac{T_1 - T_3}{T_1} \tag{5・16}$$

となり，熱効率は高温の熱源の温度 T_1 と低温の熱源の温度 T_3 のみで決まることがわかる．

　実際の熱機関は，熱伝導や摩擦熱があるので，可逆機関（可逆過程で動く機関）ではない．循環して，もとの状態に戻るときにエネルギーの一部が失われるので，不可逆機関である．不可逆機関の熱効率が可逆機関の熱効率よりも小さいことを示すために，不可逆機関と可逆機関からなる一つの系を考える（図5・6）．

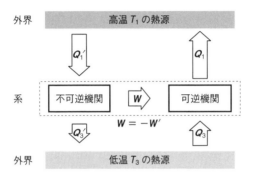

図 5・6　不可逆機関と可逆機関からなる系の熱エネルギーと仕事エネルギー
（$\eta_{不可逆} > \eta_{可逆}$ を仮定）

　不可逆機関は高温の熱源から熱エネルギー Q_1' をもらい，低温の熱源に熱エネルギー Q_3' を放出し，可逆機関に仕事エネルギー（$-W'$）を与えて，可逆機関を逆向きに動かしたとする．また，可逆機関は低温の熱源から熱エネルギー Q_3 をもらい，さらに，不可逆機関から仕事エネルギー $W\,(=-W')$ をもらい，高温の熱源に熱エネルギー Q_1 を放出したとする．ここで，熱エネルギーは系と外界がやり取りするエネルギーであり，仕事エネルギーは系の内部でやり取りするエネルギーである．不可逆機関が与える仕事エネルギー（$-W'$）と可逆機関がもらう仕事エネルギー W は同じだから，それぞれの機関に熱力学第一法則（$Q+W=\Delta U=0$）を適用すると，

$$Q_1'+Q_3' \ = \ -W' \ = \ W \ = \ -(Q_1+Q_3) \qquad (5\cdot17)$$

が成り立つ．

　もしも，不可逆機関の熱効率 $\eta_{不可逆}$ のほうが可逆機関の熱効率 $\eta_{可逆}$ よりも大きいと仮定すると，

$$\eta_{不可逆} \ = \ -\frac{W'}{Q_1'} \ = \ \frac{W}{Q_1'} \ > \ -\frac{W}{Q_1} \ = \ \eta_{可逆} \qquad (5\cdot18)$$

が成り立つ必要がある[*1]. つまり, 不等号の両辺は,

$$Q_1' < -Q_1 \quad \text{あるいは} \quad -(Q_1'+Q_1) > 0 \qquad (5 \cdot 19)$$

となる[*2]. そうすると, $(5 \cdot 17)$式より, $-(Q_1'+Q_1) = Q_3 + Q_3'$ だから,

$$Q_3 + Q_3' > 0 \qquad (5 \cdot 20)$$

が成り立つ必要がある. $(5 \cdot 20)$式は系（不可逆機関と可逆機関）が低温の熱源からもらう熱エネルギーの和 $Q_3 + Q_3'$ が正の値であることを表し, $(5 \cdot 19)$式は系が高温の熱源に与える熱エネルギーの和 $[-(Q_1'+Q_1)]$ も正の値であることを表す. つまり, 系は外界と仕事エネルギーをやり取りしていないにもかかわらず, 低温の熱源から高温の熱源に熱エネルギーを移動させたことになる. しかし, §1・3で説明したように, 現実には"外界の仕事エネルギーを使わずに, 低温の熱源から高温の熱源に熱エネルギーを移動させることは不可能である". これをクラウジウスの原理という. したがって, 熱効率に関する $(5 \cdot 18)$式の不等号の仮定が誤りだったので, 次のように結論する.

$$\eta_{\text{不可逆}} \leqq \eta_{\text{可逆}} \qquad (5 \cdot 21)$$

同じ低温の熱源と同じ高温の熱源を使う熱機関では, 理想的な可逆機関の熱効率〔$(5 \cdot 16)$式参照〕が最も大きく, 現実的な不可逆機関の熱効率は, 必ず, それ以下である. 理想的な可逆機関の熱効率は最大効率とよばれる.

5・4　カルノーサイクルの熱エネルギーとエントロピー

　カルノーサイクルの熱効率を表す$(5 \cdot 12)$式と$(5 \cdot 16)$式から, 次の関係式を導くことができる.

$$1 + \frac{Q_3}{Q_1} = 1 - \frac{T_3}{T_1} \qquad (5 \cdot 22)$$

つまり,

$$\frac{Q_1}{T_1} + \frac{Q_3}{T_3} = 0 \qquad (5 \cdot 23)$$

である. 等温過程（Tは定数）では, $(4 \cdot 18)$式の両辺を積分するとわかるように, Q/Tはエントロピーの変化量 ΔS を表す. したがって, 図 $5 \cdot 3$ のカルノーサイクルの等温膨張過程 ① では $Q_1/T_1 = S_2 - S_1$ であり, 等温圧縮過程

---

*1　可逆機関の熱効率は逆向きに動かしても変わらないので, $\eta = -W/Q_1$ で定義する.
*2　逆数の不等号の向きは逆になる. また, W は正の値なので, W で割り算しても不等号の向きは変わらない.

③ では $Q_3/T_3 = S_1 - S_2$ である．断熱膨張過程 ② と断熱圧縮過程 ④ では $Q = 0$ なので $\Delta S = 0$ である．そうすると，(5・23)式は，

$$\frac{Q_1}{T_1} + \frac{Q_3}{T_3} = (S_2 - S_1) + 0 + (S_1 - S_2) + 0 = 0 \qquad (5・24)$$

となり，カルノーサイクルで，もとの状態に戻るときに，エントロピーが変化しないことを確認できる．

　カルノーサイクルの熱エネルギーとエントロピーの関係を，グラフで調べてみよう．縦軸に温度 T，横軸にエントロピー S をとり，それぞれの可逆過程を矢印で表すと，図5・7のようになる．

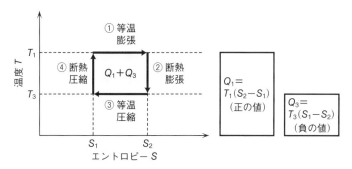

図 5・7　カルノーサイクルの温度変化とエントロピー変化と熱エネルギー

　等温膨張過程 ① では，温度が一定だから水平方向の変化となる．吸熱だからエントロピーは増え，矢印は右向きになる．断熱膨張過程 ② では，エントロピーが一定だから垂直方向の変化となる．温度は下がるので，矢印は下向きになる．等温圧縮過程 ③ では，温度が一定だから水平方向の変化となり，発熱だからエントロピーは減り，矢印は左向きになる．断熱圧縮過程 ④ では，エントロピーが一定だから垂直方向の変化となる．温度は上がるので，矢印は上向きになる．等温膨張過程 ① での熱エネルギーは $Q_1 = T_1(S_2 - S_1)$ であり，矢印（右向き）と座標軸（横軸）からなる大きな長方形の面積のことである．つまり，T_1 が長方形の縦の長さを，$S_2 - S_1$ が長方形の横の長さを表す．同様に，等温圧縮過程 ③ での熱エネルギーは $Q_3 = T_3(S_1 - S_2)$ であり，矢印（左向き）と座標軸（横軸）で囲まれた小さな長方形の面積（符号は負）になる．そうすると，外界とやり取りする熱エネルギー $Q_1 + Q_3$ は，

$$Q_1 + Q_3 = T_1(S_2 - S_1) + T_3(S_1 - S_2) = (T_1 - T_3)(S_2 - S_1) \qquad (5・25)$$

だから，図5・7の四つの矢印で囲まれた長方形の面積（大きな長方形と小さな長方形の面積の差）になる．

5・5　クラウジウスの原理と熱力学第二法則

　§5・3で説明したクラウジウスの原理（熱エネルギーは低温の物質から高温の物質に自然には移動しない）は，§4・3で説明した熱力学第二法則（孤立系の不可逆過程はエントロピーが増える方向に自然に起こる）を言い換えたものである[*]．クラウジウスの原理をエントロピーで調べてみよう．たとえば，断熱材で囲んだ300 Kの1 molの気体と，500 Kの1 molの同じ種類の気体からなる孤立系を考え，接触させる〔図5・8(a)〕．そうすると，§1・3でも説明したように，高温の気体から低温の気体に熱エネルギー（気体を構成する分子の並進エネルギー）が，孤立系内で移動する．その結果，それぞれの気体の温度が同じ400 Kの平衡状態になる〔図5・8(b)〕．しかし，逆に，400 Kになった左側の気体の温度が300 Kに戻り，400 Kになった右側の気体の温度が500 Kに戻ることはない．つまり，不可逆過程である．この不可逆過程のエントロピーの変化量はどうなるだろうか．

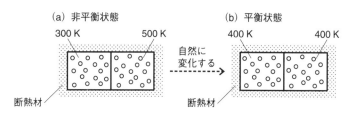

図 5・8　孤立系内の熱エネルギー移動による温度変化（不可逆過程）

　§4・5で説明したように，不可逆過程のままではエントロピーの変化量を計算できない．そこで，図5・8で示した孤立系の不可逆過程を可逆過程に置き換える．まず，左側の気体に着目すると，温度が300 Kから400 Kに変化するが，体積が変わらないので定容過程である．定容過程で最初の平衡状態の温度が300 Kで，最後の平衡状態の温度が400 Kだから，表4・1の定容過程の

---

[*]　詳しいことは省略するが，クラウジウスの原理はトムソンの原理（§5・1）を言い換えたものでもある．原田義也著，"化学熱力学（修訂版）"，裳華房（2002）参照．

式を利用して，エントロピーの変化量 $\Delta S_左$ は，

$$\Delta S_左 = C_V \ln\left(\frac{400}{300}\right) \qquad (5 \cdot 26)$$

となる．ここで，C_V は定容モル熱容量である．右側の気体の温度変化も定容過程で考えると，温度が 500 K から 400 K になるから，エントロピーの変化量 $\Delta S_右$ は，

$$\Delta S_右 = C_V \ln\left(\frac{400}{500}\right) \qquad (5 \cdot 27)$$

となる．エントロピーは示量性状態量なので，系全体のエントロピーの変化量 $\Delta S_系$ は $\Delta S_左$ と $\Delta S_右$ を足し算して，次のように正の値になる．

$$\Delta S_系 = \Delta S_左 + \Delta S_右 = C_V \ln\left(\frac{400}{300}\right) + C_V \ln\left(\frac{400}{500}\right)$$
$$\approx C_V \ln 1.066 \approx 0.064 C_V > 0 \qquad (5 \cdot 28)$$

熱力学第二法則で説明したように，孤立系の不可逆過程ではエントロピーは増える方向に変化するので，左側の気体も右側の気体も 400 K になる．

　クラウジウスの原理に反して，低温の左側の気体から高温の右側の気体に熱エネルギーが移動して，左側の気体が 300 K から 200 K に温度が下がり，右側の気体が 500 K から 600 K に上がったとする．系全体のエントロピーの変化量 $\Delta S_系$ は，次のように負の値になる．

$$\Delta S_系 = \Delta S_左 + \Delta S_右 = C_V \ln\left(\frac{200}{300}\right) + C_V \ln\left(\frac{600}{500}\right)$$
$$= C_V \ln 0.8 \approx -0.02 C_V < 0 \qquad (5 \cdot 29)$$

つまり，低温の気体から高温の気体に熱エネルギーが移動すると，系全体のエントロピーが減るので，自然には起こらない．他の温度で計算しても，エントロピーの変化量の符号は同じである（章末問題 5・5 参照）．クラウジウスの原理をエントロピーで解釈すると，熱力学第二法則の内容と同じになる．

章末問題

5・1 ある可逆機関が，高温の熱源から熱エネルギー 100 J をもらい，低温の熱源に 60 J の熱エネルギーを与えた．外界に与えた仕事エネルギーと最大熱効率を求めよ．

5・2 ある可逆機関は 100 ℃ の高温の熱源と 25 ℃ の低温の熱源ではたらく．

最大熱効率を求めよ.

5・3 カルノーサイクルの熱力学的過程 ①～④ のエントロピーの変化量をモル気体定数と体積で表し, もとの状態に戻ったときに, エントロピーの変化量の合計が 0 になることを示せ.

5・4 定圧膨張過程 ①, 定容降圧過程 ②, 定圧圧縮過程 ③, 定容昇圧過程 ④ からなる循環可逆過程を考える. 以下の問いに答えよ.

(1) 定圧膨張過程 ① を (P_1, T_1, V_1, S_1) → $(P_2=P_1, T_2, V_2, S_2)$ と表すと, 熱力学的過程 ②, ③, ④ はどのように表されるか. 熱力学的過程 ④ では, 最初の平衡状態 (P_1, T_1, V_1, S_1) に戻る.

(2) 図 5・7 を参考にして, 縦軸に圧力 P をとり, 横軸に体積 V をとって, 熱力学的過程 ①～④ を矢印で表せ.

(3) それぞれの熱力学的過程で, 仕事エネルギーを表す式を求めよ.

(4) もとの状態に戻ったときに, 外界とやり取りした仕事エネルギーの大きさを表す式を求めよ.

(5) 解答(4)を図で表すと, どのようになるか.

(6) 熱力学的過程 ①～④ で, エントロピーの変化量を計算して, 循環したときにエントロピーの変化量の合計が 0 になることを示せ. なお, 表 4・1 で, 定圧過程では $T_1/T_2 = V_1/V_2$ などが, 定容過程では $T_1/T_2 = P_1/P_2$ などが成り立つ.

5・5 図 5・8(a)で, 左側の気体が 400 K, 右側の気体が 500 K とすると, 熱エネルギーの移動によって 450 K になる. エントロピーが増えることを示せ.

6

自由エネルギーと
化学ポテンシャル

不可逆過程はエントロピーが増える方向に自然に変化する．エントロピーに関するエネルギーを束縛エネルギーといい，内部エネルギー，エンタルピーから束縛エネルギーを除いたエネルギーを自由エネルギー（ヘルムホルツエネルギー，ギブズエネルギー）という．自由エネルギーの物質量に対する変化量を化学ポテンシャルという．

6・1 エントロピーを考慮した新たなエネルギー

§4・1では，断熱材で囲まれた容器の中の気体の拡散（不可逆過程）について説明した．系が外界と熱エネルギーも仕事エネルギーもやり取りしないので，内部エネルギーもエンタルピーも変わらない．しかし，エントロピーが増えるので，秩序ある非平衡状態は無秩序な平衡状態に自然に変化することを理解した（図4・1参照）．もしも，エントロピーを考慮した新たなエネルギーを定義できるならば，その新たなエネルギーを比べることによって，不可逆過程がどちらの方向に自然に変化するかを予測できるはずである．ちょうど，水平だった樋の端に，エントロピーに関する錘をつけて，樋を傾けて，水の流れる方向を決めるようなものである．内部エネルギーが同じでも〔図6・1(a)〕，

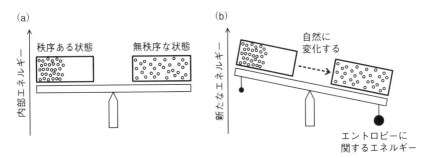

図 6・1 エントロピーを考慮した気体の拡散（不可逆過程）の説明

エントロピーの錘が重い（エントロピーの値が大きい）状態の方向に，自然に変化する〔図6・1(b)〕．

6・2　束縛エネルギーと自由エネルギー

エントロピーを考慮した新たなエネルギーを定義するために，ボルツマン分布則（II巻§2・4，III巻§2・2参照）を参考にして考えてみよう．ただし，図6・1では内部エネルギーに差がない二つの状態を考えたが，ここでは，一般的に，エネルギーに差 ΔE（$= \Delta U$ あるいは ΔH）がある二つの状態を考えることにする（図6・2）．また，状態1に比べて状態2のエネルギーのほうが高くて，不安定だと仮定する．平衡状態であれば，それぞれの状態の分子数 N_1 と N_2 の比は，ボルツマン分布則〔II巻(2・29)式〕によって，

$$\frac{N_2}{N_1} = \exp\left(-\frac{\Delta E}{k_B T}\right) \tag{6・1}$$

と書ける．ここで k_B はボルツマン定数，T は熱力学温度である．

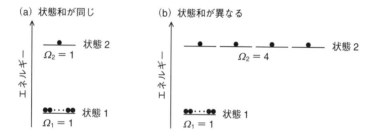

図 6・2　状態和とボルツマン分布の関係

状態1と状態2の微視的状態の総和（状態和）を別々に考えることにする．図6・2(a)はそれぞれの状態和が同じ場合を仮定し，状態1の分子数 N_1（●…●）に対して，状態2の分子数 N_2 が1として模式的に描いた．一方，図6・2(b)では，エネルギーの低い状態1の状態和 Ω_1 が1に対して，エネルギーの高い状態2の状態和 Ω_2 が4の場合を模式的に描いた[*]．それぞれの状

---

[*]　状態和を縮重度と考えればイメージしやすい．たとえば，水素原子のエネルギー準位は，主量子数 $n = 1$（1s軌道）の状態和に対して，主量子数 $n = 2$（2s軌道，2p_x軌道，2p_y軌道，2p_z軌道）の状態和は4倍である（I巻5章参照）．ただし，ここで扱う粒子は電子ではないので，パウリの排他原理が成り立つフェルミ粒子ではなく，ボース粒子として扱っている．

態和が異なる場合には，状態和 Ω に比例して分子数が増える．したがって，状態和を考慮したボルツマン分布則は，(6・1)式の代わりに，

$$\frac{N_2}{N_1} = \frac{\Omega_2}{\Omega_1}\exp\left(-\frac{\Delta E}{k_{\mathrm{B}}T}\right) \qquad (6・2)$$

と書く必要がある[*]．

(6・2)式の両辺の自然対数をとって整理すると，

$$\ln\left(\frac{N_2}{N_1}\right) = \ln\left(\frac{\Omega_2}{\Omega_1}\right)-\frac{\Delta E}{k_{\mathrm{B}}T} = -\frac{\Delta E-Tk_{\mathrm{B}}(\ln\Omega_2-\ln\Omega_1)}{k_{\mathrm{B}}T} \qquad (6・3)$$

となる．(4・10)式で定義したように，$k_{\mathrm{B}}\ln\Omega$ はエントロピー S のことだから，(6・3)式はエントロピーの変化量 ΔS を使って，

$$\ln\left(\frac{N_2}{N_1}\right) = -\frac{\Delta E-T(S_2-S_1)}{k_{\mathrm{B}}T} = -\frac{\Delta E-T\Delta S}{k_{\mathrm{B}}T} \qquad (6・4)$$

と書ける．そこで，内部エネルギー U にエントロピー S を考慮して，新たな状態関数を次のように定義する．

$$A = U-TS \qquad (6・5)$$

エントロピー S の単位はボルツマン定数と同じ $\mathrm{J\,K^{-1}}$ なので，温度 T を掛け算した TS の単位はエネルギーを表す J となる．この状態関数 A のことをヘルムホルツエネルギーといい，内部エネルギー U からエントロピーに関するエネルギー TS を引き算した〔あるいは，$(-TS)$ を足し算した〕エネルギーを表す．このエントロピーに関するエネルギー $(-TS)$ が図6・1(b) の錘に相当する．TS のことを束縛エネルギーという．また，束縛エネルギーを引き算したエネルギーを自由エネルギーという．図6・1(b) の縦軸の"新たなエネルギー"が自由エネルギー（ヘルムホルツエネルギー）である．

ヘルムホルツエネルギー A の微小変化は，次のように表される．

$$\mathrm{d}A = \mathrm{d}U-T\mathrm{d}S-S\mathrm{d}T \qquad (6・6)$$

ここで，状態関数の微分は完全微分になるから，TS に関しては積の微分を利用した（10ページの脚注2参照）．温度 T が一定の条件では $\mathrm{d}T = 0$ なので，(6・6)式は，

$$\mathrm{d}A = \mathrm{d}U-T\mathrm{d}S \qquad (6・7)$$

---

[*] 説明が複雑になるので，§4・2で説明した2個の粒子の交換については，ここでは議論はしない．それらを含めて状態和 Ω と考えればよい．

となる．ボルツマン分布則は，ある一定の温度 T での分子数の比である．そこで，(6・7)式の両辺を積分すると，

$$\Delta A \;=\; \Delta U - T \Delta S \tag{6・8}$$

となる*．定容過程では，エネルギー差 ΔE は ΔU のことである．この場合には，(6・4)式の $\Delta E - T \Delta S$（$= \Delta U - T \Delta S$）に ΔA を代入して，両辺の指数関数をとれば，

$$\frac{N_2}{N_1} \;=\; \exp\!\left(-\frac{\Delta A}{k_B T}\right) \tag{6・9}$$

となって，(6・1)式と同じ形の式になる．状態和 Ω が変わる場合，つまり，エントロピー S が変わる場合には，ΔU の代わりに，束縛エネルギーの変化量 $\Delta(TS)$ を引き算したヘルムホルツエネルギーの変化量 ΔA を考えればよい．

　系の圧力が変わらない定圧過程では，内部エネルギー U の代わりに，仕事エネルギーを考慮したエンタルピー H を考えた．そこで，エンタルピー H から束縛エネルギー TS を引き算した自由エネルギーを，

$$G \;=\; H - TS \tag{6・10}$$

と定義する．状態関数 G のことをギブズエネルギーという．ヘルムホルツエネルギーと同様に，ギブズエネルギーの微小変化は，

$$dG \;=\; dH - TdS - SdT \tag{6・11}$$

で表される．温度 T が一定の条件では $dT = 0$ なので，(6・11)式は，

$$dG \;=\; dH - TdS \tag{6・12}$$

となる．(6・12)式の両辺を積分すると，次の関係式が得られる．

$$\Delta G \;=\; \Delta H - T \Delta S \tag{6・13}$$

そうすると，ボルツマン分布則は，

$$\frac{N_2}{N_1} \;=\; \exp\!\left(-\frac{\Delta G}{k_B T}\right) \tag{6・14}$$

と表される．つまり，定圧過程でエントロピー S が変わる場合には，ΔH の代わりに，束縛エネルギーの変化量 $\Delta(TS)$ を引き算したギブズエネルギーの変化量 ΔG を考えればよい．

　これまでに定義した四つの熱力学的エネルギー（内部エネルギー U，エンタ

＊　図6・1の断熱材で囲まれた容器の中の気体の拡散では $\Delta U = 0$ である．しかし，ここでは一般的な式を導いているので，$\Delta U = 0$ としない．

ルピー H, ヘルムホルツエネルギー A, ギブズエネルギー G) の関係を図6・3に示す. わかりやすくするために, PV と TS を U の横に並べて描いた.

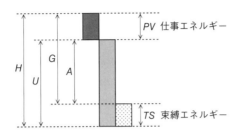

図 6・3　四つの熱力学的エネルギーの関係

　また, 四つの熱力学的過程で, それぞれのエネルギーがどのように変化するかを表6・1にまとめた. すでに §2・2で説明したように, 内部エネルギー U の値(絶対値)は決められないので, H, A, G の値も決められない. しかし, 変化量ならば決めることができる.

表 6・1　熱力学的エネルギーの定義と意味

エネルギー	定義	意味	変化量
内部エネルギー	$U = (3/2)RT + \cdots$	運動エネルギーなど	ΔU (定容過程)
エンタルピー	$H = U + PV$	仕事エネルギーを考慮	$\Delta H = \Delta U + P\Delta V$ (定圧過程)
ヘルムホルツ エネルギー	$A = U - TS$	束縛エネルギーを考慮	$\Delta A = \Delta U - T\Delta S$ (等温定容過程)
ギブズ エネルギー	$G = H - TS$	仕事エネルギーと 束縛エネルギーを考慮	$\Delta G = \Delta H - T\Delta S$ (等温定圧過程)

6・3　エネルギーの状態変数に対する依存性

　表6・1の四つの熱力学的エネルギー (U, H, A, G) は, 四つの状態量 (P, T, V, S) を状態変数とする状態関数である. それぞれの状態関数が, それぞれの状態変数に対して, どのように依存しているかを調べてみよう. つまり, それぞれの状態関数をそれぞれの状態変数で偏微分した式を求める. たとえば, 圧力 P が一定の条件で, ギブズエネルギー G が温度 T に対してどのように依存

するかを理解するためには，$(\partial G/\partial T)_P$ を調べればよい．括弧の右下の添え字 P は圧力が一定の条件を表す．

　まずは，内部エネルギー U と状態変数の関係を調べる．内部エネルギーの微小変化は，$(2\cdot8)$式より，

$$dU = \delta Q + \delta W \tag{6・15}$$

と表される．熱エネルギーの微小変化をエントロピーの微小変化で表すと〔$(4\cdot18)$式参照〕，

$$\delta Q = TdS \tag{6・16}$$

となる．また，仕事エネルギーの微小変化を体積の微小変化で表すと〔$(1\cdot9)$式参照〕，

$$\delta W = -PdV \tag{6・17}$$

となる．したがって，内部エネルギーの微小変化 dU は，エントロピーの微小変化 dS と体積の微小変化 dV を使って，

$$dU = TdS - PdV \tag{6・18}$$

と表される．一方，内部エネルギーの微小変化 dU は，

$$dU = \left(\frac{\partial U}{\partial S}\right)_V dS + \left(\frac{\partial U}{\partial V}\right)_S dV \tag{6・19}$$

とも表されるから（10 ページの脚注 2 参照），$(6\cdot18)$式と$(6\cdot19)$式を比較して，次の関係式が得られる．

$$\left(\frac{\partial U}{\partial S}\right)_V = T \quad \text{および} \quad \left(\frac{\partial U}{\partial V}\right)_S = -P \tag{6・20}$$

　また，エンタルピーの微小変化 dH は，$(3\cdot11)$式より，

$$dH = dU + PdV + VdP \tag{6・21}$$

と表される．$(6\cdot21)$式に$(6\cdot18)$式を代入すれば，

$$dH = TdS - PdV + PdV + VdP = TdS + VdP \tag{6・22}$$

となり，エントロピーの微小変化 dS と圧力の微小変化 dP を使って表される．一方，エンタルピーの微小変化 dH は，

$$dH = \left(\frac{\partial H}{\partial S}\right)_P dS + \left(\frac{\partial H}{\partial P}\right)_S dP \tag{6・23}$$

とも表される．$(6\cdot22)$式と$(6\cdot23)$式を比較して，次の関係式が得られる．

$$\left(\frac{\partial H}{\partial S}\right)_P = T \quad \text{および} \quad \left(\frac{\partial H}{\partial P}\right)_S = V \tag{6・24}$$

同様に，ヘルムホルツエネルギーの微小変化 $\mathrm{d}A$ は，$(6・18)$式を利用して，

$$\mathrm{d}A = -P\mathrm{d}V - S\mathrm{d}T \qquad (6・25)$$

となり（章末問題 $6・7$），体積の微小変化 $\mathrm{d}V$ と温度の微小変化 $\mathrm{d}T$ を使って表される．ヘルムホルツエネルギーの微小変化 $\mathrm{d}A$ は，

$$\mathrm{d}A = \left(\frac{\partial A}{\partial V}\right)_T \mathrm{d}V + \left(\frac{\partial A}{\partial T}\right)_V \mathrm{d}T \qquad (6・26)$$

とも表されるから，次の関係式が得られる．

$$\left(\frac{\partial A}{\partial V}\right)_T = -P \qquad \text{および} \qquad \left(\frac{\partial A}{\partial T}\right)_V = -S \qquad (6・27)$$

また，ギブズエネルギーの微小変化 $\mathrm{d}G$ は，$(6・21)$式を利用して，

$$\mathrm{d}G = V\mathrm{d}P - S\mathrm{d}T \qquad (6・28)$$

となり（章末問題 $6・7$），圧力の微小変化 $\mathrm{d}P$ と温度の微小変化 $\mathrm{d}T$ を使って表される．ギブズエネルギーの微小変化 $\mathrm{d}G$ は，

$$\mathrm{d}G = \left(\frac{\partial G}{\partial P}\right)_T \mathrm{d}P + \left(\frac{\partial G}{\partial T}\right)_P \mathrm{d}T \qquad (6・29)$$

とも表されるから，次の関係式が得られる．

$$\left(\frac{\partial G}{\partial P}\right)_T = V \qquad \text{および} \qquad \left(\frac{\partial G}{\partial T}\right)_P = -S \qquad (6・30)$$

　熱力学的エネルギーの微小変化と，ある状態変数に対する偏微分が別の状態変数によってどのように表されるかを表 $6・2$ にまとめた．これらの関係式がどのように役立つかは，§$8・4$，§$9・4$，§$11・4$，§$13・5$ で説明する．

表 6・2　熱力学的エネルギーの微小変化と偏微分

エネルギー	微小変化	偏微分と状態変数の関係	
内部エネルギー	$\mathrm{d}U = T\mathrm{d}S - P\mathrm{d}V$	$\left(\dfrac{\partial U}{\partial S}\right)_V = T$	$\left(\dfrac{\partial U}{\partial V}\right)_S = -P$
エンタルピー	$\mathrm{d}H = T\mathrm{d}S + V\mathrm{d}P$	$\left(\dfrac{\partial H}{\partial S}\right)_P = T$	$\left(\dfrac{\partial H}{\partial P}\right)_S = V$
ヘルムホルツエネルギー	$\mathrm{d}A = -P\mathrm{d}V - S\mathrm{d}T$	$\left(\dfrac{\partial A}{\partial V}\right)_T = -P$	$\left(\dfrac{\partial A}{\partial T}\right)_V = -S$
ギブズエネルギー	$\mathrm{d}G = V\mathrm{d}P - S\mathrm{d}T$	$\left(\dfrac{\partial G}{\partial P}\right)_T = V$	$\left(\dfrac{\partial G}{\partial T}\right)_P = -S$

6·4　マクスウェルの関係式

　今度は四つの状態変数 (P, T, V, S) が，互いにどのように依存するかを調べてみよう．たとえば，体積 V が一定の条件で，内部エネルギー U のエントロピー S の依存性は $(\partial U/\partial S)_V$ で表される．これは(6·20)式からわかるように $(\partial U/\partial S)_V = T$ である．さらに，エントロピー S が一定の条件で，両辺を体積 V で偏微分すると，

$$\left(\frac{\partial}{\partial V}\left(\frac{\partial U}{\partial S}\right)_V\right)_S = \left(\frac{\partial T}{\partial V}\right)_S \tag{6·31}$$

が得られる．また，体積 V が一定の条件で，(6·20)式の $(\partial U/\partial V)_S = -P$ の両辺をエントロピー S で偏微分すると，

$$\left(\frac{\partial}{\partial S}\left(\frac{\partial U}{\partial V}\right)_S\right)_V = -\left(\frac{\partial P}{\partial S}\right)_V \tag{6·32}$$

が得られる．内部エネルギー U は状態関数だから，体積とエントロピーのどちらから先に偏微分しても同じ結果が得られる．つまり，(6·31)式と(6·32)式の左辺は同じだから，右辺も同じでなければならない．そうすると，

$$\left(\frac{\partial T}{\partial V}\right)_S = -\left(\frac{\partial P}{\partial S}\right)_V \tag{6·33}$$

という関係式が成り立つ．

　同様にして，エントロピー S が一定の条件で，(6·24)式の $(\partial H/\partial S)_P = T$ の両辺を圧力 P で偏微分し，また，圧力 P が一定の条件で，(6·24)式の $(\partial H/\partial P)_S = V$ の両辺をエントロピー S で偏微分して比較すると，

$$\left(\frac{\partial T}{\partial P}\right)_S = \left(\frac{\partial V}{\partial S}\right)_P \tag{6·34}$$

が得られる．また，(6·27)式の $(\partial A/\partial V)_T = -P$ と $(\partial A/\partial T)_V = -S$ から，

$$\left(\frac{\partial P}{\partial T}\right)_V = \left(\frac{\partial S}{\partial V}\right)_T \tag{6·35}$$

が得られ，(6·30)式の $(\partial G/\partial P)_T = V$ と $(\partial G/\partial T)_P = -S$ から，

$$\left(\frac{\partial V}{\partial T}\right)_P = -\left(\frac{\partial S}{\partial P}\right)_T \tag{6·36}$$

が得られる（章末問題6·8，6·9参照）．(6·33)式～(6·36)式の四つをマクスウェルの関係式という．マクスウェルの関係式がどのように役立つかは§8·5で説明する．

6・5 化学ポテンシャル

(6・29)式で示したように，ギブズエネルギーの微小変化 dG は，圧力 P と温度 T の微小変化を使って表される．エネルギーは示量性状態量だから，物質量 n が変化する場合には，物質量の微小変化 dn も考慮する必要がある．そうすると，(6・29)式の代わりに，

$$dG = \left(\frac{\partial G}{\partial P}\right)_{T,n} dP + \left(\frac{\partial G}{\partial T}\right)_{P,n} dT + \left(\frac{\partial G}{\partial n}\right)_{T,P} dn \qquad (6・37)$$

と書く必要がある（10 ページの脚注 2 参照）．ここで，

$$\mu = \left(\frac{\partial G}{\partial n}\right)_{T,P} \qquad (6・38)$$

と定義して，μ を化学ポテンシャルとよぶ．化学ポテンシャルを使うと，ギブズエネルギーの微小変化 dG は，(6・28)式の代わりに，

$$dG = VdP - SdT + \mu dn \qquad (6・39)$$

と表される．温度と圧力が一定（$dP = dT = 0$）の条件では，

$$dG = \mu dn \qquad (6・40)$$

となる．純物質の μ は定数なので*，両辺を $0\,\mathrm{mol}$ から $n\,\mathrm{mol}$ まで積分して，

$$G = \mu n \qquad (6・41)$$

が得られる．この場合の化学ポテンシャル $\mu\ (= G/n)$ は，$1\,\mathrm{mol}$ あたりのギブズエネルギー（モルギブズエネルギー G_m）のことである（5 ページの脚注 3 参照）．

一方，温度と物質量が一定（$dT = dn = 0$）の条件では，(6・39)式は，

$$dG = VdP \qquad (6・42)$$

となる．もしも，$1\,\mathrm{mol}$ の理想気体であると仮定するならば，状態方程式 $PV = RT$ を代入して，状態 1 から状態 2 まで積分すると，

$$\Delta G = G_2 - G_1 = \int_{P_1}^{P_2} \frac{RT}{P} dP = RT(\ln P_2 - \ln P_1) = RT\ln\left(\frac{P_2}{P_1}\right) \qquad (6・43)$$

となる．状態 1 の圧力 P_1 を標準圧力 $P^{\ominus}$（$= 1\,\mathrm{atm}$）とし，標準圧力での化学ポテンシャル G_1 を標準化学ポテンシャル $\mu^{\ominus}$ とする（$1\,\mathrm{mol}$ の理想気体を考えるので，G の代わりに μ とする）．また，状態 2 の圧力 P_2 を一般的な圧力 P

---

* 後半では混合物の μ と区別するために，純物質の化学ポテンシャルを μ^* と表す．

とし，一般的な化学ポテンシャル G_2 を μ とすると，温度と物質量が一定の条件で，(6・43)式は，

$$\mu = \mu^{\ominus} + RT\ln\left(\frac{P}{P^{\ominus}}\right) \tag{6・44}$$

となる．(6・44)式は，系の圧力 P が標準圧力 $P^{\ominus}$ から変化したときに，化学ポテンシャルがどのように変化するかを表した式である（§9・4などで使う）．

　化学ポテンシャルはヘルムホルツエネルギー A を使って表すこともできる．ギブズエネルギーと同様に，ヘルムホルツエネルギーも温度 T と体積 V だけでなく，物質量 n にも依存するから，(6・26)式の代わりに，

$$\mathrm{d}A = \left(\frac{\partial A}{\partial V}\right)_{T,n}\mathrm{d}V + \left(\frac{\partial A}{\partial T}\right)_{V,n}\mathrm{d}T + \left(\frac{\partial A}{\partial n}\right)_{T,V}\mathrm{d}n = -P\mathrm{d}V - S\mathrm{d}T + \left(\frac{\partial A}{\partial n}\right)_{T,V}\mathrm{d}n \tag{6・45}$$

と書ける．G と A の差は H と U の差と同じ PV である（図6・3参照）．そうすると，ギブズエネルギーの微小変化 $\mathrm{d}G$ は，

$$\begin{aligned}\mathrm{d}G &= \mathrm{d}A + \mathrm{d}(PV) = -P\mathrm{d}V - S\mathrm{d}T + \left(\frac{\partial A}{\partial n}\right)_{T,V}\mathrm{d}n + P\mathrm{d}V + V\mathrm{d}P \\ &= -S\mathrm{d}T + V\mathrm{d}P + \left(\frac{\partial A}{\partial n}\right)_{T,V}\mathrm{d}n\end{aligned} \tag{6・46}$$

となる．(6・46)式を(6・39)式と比較すると，化学ポテンシャル μ は，

$$\mu = \left(\frac{\partial A}{\partial n}\right)_{T,V} \tag{6・47}$$

と表されることもわかる．

Ⅲ巻のための補足　　化学ポテンシャルは分配関数を使って表すこともできる．分配関数は微視的状態の総和のことである（Ⅲ巻4章参照）．図6・2では，状態1と状態2の微視的状態を別々に考えた．それぞれの状態の微視的状態にはエネルギーの差がないので，分配関数の代わりに状態和（縮重度と同じ）として説明した．状態1と状態2の微視的状態を一緒に考えると，エネルギーに差がある微視的状態を含むことになるので，状態和ではなく分配関数とよぶ．エネルギーが E_j である微視的状態の数 a_j は，

$$a_j = \exp\left(-\frac{E_j}{k_\mathrm{B}T}\right) \tag{6・48}$$

となり〔Ⅲ巻(4・26)式〕，微視的状態の総和を表す分配関数 Q（熱エネルギーとは無関係）は，

$$Q = \sum_j a_j = \sum_j \exp\left(-\frac{E_j}{k_B T}\right) \qquad (6・49)$$

となる〔Ⅲ巻(4・27)式〕．結局，ある状態 j になる確率 π_j は次のように書ける．

$$\pi_j = \frac{a_j}{\sum_j a_j} = \frac{\exp(-E_j/k_B T)}{Q} \qquad (6・50)$$

詳しいことは省略するが，確率 π_j を使うと，エントロピー S は，

$$S = -k_B \sum_j \pi_j \ln \pi_j \qquad (6・51)$$

と表される*．(6・51)式に(6・50)式の自然対数を代入すると，エントロピー S は，

$$S = -k_B \sum_j \left\{ \pi_j \times \left(-\frac{E_j}{k_B T} - \ln Q\right) \right\} = \frac{1}{T} \sum_j E_j \pi_j + k_B \ln Q \sum_j \pi_j \qquad (6・52)$$

となる．$\sum_j E_j \pi_j$ はエネルギーの平均値 $\langle E \rangle$ を表す．また，$\sum_j \pi_j$ は確率の総和だから 1 に等しい．そうすると，(6・52)式は次のようになる．

$$S = \frac{1}{T} \langle E \rangle + k_B \ln Q \qquad (6・53)$$

エネルギーの平均値 $\langle E \rangle$ を分配関数 Q で表すと〔Ⅲ巻 (4・34)式〕，

$$\langle E \rangle = k_B T^2 \frac{\partial \ln Q}{\partial T} \qquad (6・54)$$

である．したがって，(6・53)式は，

$$S = k_B T \frac{\partial \ln Q}{\partial T} + k_B \ln Q \qquad (6・55)$$

となる．定容過程の $\langle E \rangle$ は U のことだから，ヘルムホルツエネルギー A は，

$$A = U - TS = k_B T^2 \frac{\partial \ln Q}{\partial T} - k_B T^2 \frac{\partial \ln Q}{\partial T} - k_B T \ln Q$$

$$= -k_B T \ln Q \qquad (6・56)$$

---

* 詳しくは，D. A. McQuarrie, J. D. Simon, "Physical Chemistry: a molecular approach", University Science Books (1997)〔"マッカーリ・サイモン物理化学: 分子論的アプローチ，上・下"，千原秀昭，江口太郎，齊藤一弥訳，東京化学同人 (1999)〕参照.

となる．(6・56)式を(6・47)式に代入すれば，化学ポテンシャル μ は分配関数 Q を使って，温度と体積が一定の条件では，

$$\mu = -k_{\mathrm{B}}T\left(\frac{\partial \ln Q}{\partial n}\right)_{T,V} \tag{6・57}$$

と書ける．

(6・57)式の右辺の分数の分子と分母にアボガドロ定数 N_{A} を掛け算すると，$k_{\mathrm{B}}N_{\mathrm{A}} = R$，$nN_{\mathrm{A}} = N$（分子数）だから，化学ポテンシャル μ は次のようにも書ける．

$$\mu = -RT\left(\frac{\partial \ln Q}{\partial N}\right)_{T,V} \tag{6・58}$$

また，N 個の分子集団の分配関数 Q を1分子の分子分配関数 q で表すと，

$$Q = \frac{q^N}{N!} \tag{6・59}$$

となる〔Ⅲ巻 (4・31) 式〕．ここで，両辺の対数をとり，$\ln N! \approx N\ln N - N$ の近似（スターリングの近似）を使うと，

$$\ln Q = N\ln q - \ln N! = N\ln q - N\ln N + N \tag{6・60}$$

となる．これを温度と体積が一定の条件で，分子数 N で偏微分すると，

$$\left(\frac{\partial \ln Q}{\partial N}\right)_{T,V} = \ln q - \ln N - \frac{N}{N} + 1 = \ln q - \ln N = \ln\left(\frac{q}{N}\right) \tag{6・61}$$

が得られる．(6・61)式を(6・58)式に代入すると，化学ポテンシャル μ は分子分配関数 q を使って，

$$\mu = -RT\ln\left(\frac{q}{N}\right) \tag{6・62}$$

と表すことができる．この関係式をⅢ巻§15・1で用いた．

章 末 問 題

6・1 図6・2(b)で，微視的状態にエネルギー差がない場合，分子数の比 N_2/N_1 が状態和の比 Ω_2/Ω_1 になることを示せ．

6・2 図6・1の気体の拡散で，ヘルムホルツエネルギーの変化量を求めよ．ただし，室温（298.15 K）で，物質量を 1 mol とする．また，モル気体定数を $R = 8.3145\,\mathrm{J\,K^{-1}\,mol^{-1}}$ とする．

6・3 問題6・2で，ギブズエネルギーの変化量を求めよ．

6・4　等温過程で，1 mol の理想気体のエントロピーが増えたとする．ヘルムホルツエネルギーおよびギブズエネルギーは高くなるか，低くなるか．

6・5　エンタルピーを含む式で，ヘルムホルツエネルギーを表せ．

6・6　温度と体積が一定の条件で，ギブズエネルギーの微小変化はどのような式で表されるか．(6・11)式から求めよ．

6・7　(6・25)式および(6・28)式を求めよ．

6・8　$(\partial A/\partial V)_T = -P$ と $(\partial A/\partial T)_V = -S$ から(6・35)式を導け．

6・9　$(\partial G/\partial P)_T = V$ と $(\partial G/\partial T)_P = -S$ から(6・36)式を導け．

6・10　温度と物質量が一定の条件で，圧力が2倍になったとする．化学ポテンシャルの変化量を求めよ．

7

相変化と熱力学第三法則

物質には固相，液相，気相の状態がある．物質が外界と熱エネルギーをやり取りすると，相が変化する．相変化ではエンタルピーやエントロピーが変化する．すべての物質のエントロピーは絶対零度で0と考える．これを熱力学第三法則という．また，標準圧力，室温での1 mol の物質のエントロピーを標準モルエントロピーという．

7・1　物質の三状態と相図

　これまでは，さまざまな熱力学的過程で，気体が気体のままで，状態量がどのように変化するかを調べてきた．よく知られているように，気体から熱エネルギーを奪うと，液体や固体になる．固体，液体，気体の状態を固相，液相，気相ともいい，これらを物質の三状態（物質の三態）[*1] という．この章からは固体，液体，気体の状態量の変化を調べる．

　ある圧力 P，ある温度 T，ある体積 V で，物質がどのような相になっているかを示したグラフが相図（状態図または平衡図ともいう）である．P, T, V を座標軸にとって，氷，水，水蒸気の相図を3次元空間で模式的に描くと，図7・1のようになる．P, T, V には一つの関係式，たとえば，理想気体では状態方程式(1・1) があるので，相の状態は面で表される[*2]．図7・1には固相(S)，液相(L)，気相(G) を表す面だけではなく，二つの相が共存する面（S+L，S+G，L+G）も示してある．二つの相が共存する平衡状態を相平衡という（相平衡については§8・2で詳しく説明する）．相平衡では温度と圧力の間に一つの関係式があり，温度の値を指定すると，圧力の値が一義的に決まる．このことは，相平衡を表す面が P-T 平面に垂直になることを意味する[*3]．

[*1]　三状態以外にも超臨界状態がある．ある値（臨界定数）よりも圧力と温度が大きくなると，気相とも液相とも区別できない超臨界状態となる（III巻§7・4参照）．

[*2]　3次元空間 (x, y, z) で，$x^2+y^2+z^2 = a^2$ という一つの関係式を与えると，球の表面になることと同じ．

[*3]　$z = ax$ という関係式を3次元空間 (x, y, z) で描くと，zx 面に垂直な面になることと同じ．

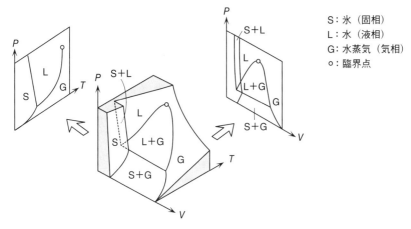

図 7・1　模式的に描いた氷，水，水蒸気の 3 次元空間の相図と 2 次元空間への投影

　3 次元空間の相図は複雑でわかりにくい．そこで，$P\text{-}T$ 平面に投影したり，$P\text{-}V$ 平面に投影したりする[*1]．縦軸に圧力 P を，横軸に温度 T をとり，$P\text{-}T$ 平面に投影した氷，水，水蒸気の相図を図 7・2 に示す[*2]．図 7・2 は曲線（三つの実線）によって，氷，水，水蒸気の三つの領域に分かれている．たとえば，図 7・1 の氷（S）と水（L）が共存する融解面（S+L 面）は，投影すると融解圧曲線（O−A−）になる．融解圧曲線は氷と水が共存する圧力と温度の関係を表す．融解圧曲線の左の領域（S 面の投影）が氷を表し，融解圧曲線の右の領域（L 面の投影）が水を表す．

　また，図 7・2 の水の領域と水蒸気の領域の境界線（O−B−）を蒸気圧曲線という．蒸気圧曲線（L+G 面の投影）は，水と水蒸気が共存する圧力と温度の関係を表す．蒸気圧曲線の上の領域（L 面の投影）が水であり，下の領域（G 面の投影）が水蒸気である．同様に，氷の領域と水蒸気の領域の境界線（O−C−）が昇華圧曲線（S+G 面の投影）であり，氷と水蒸気が共存する圧力と温度の関係を表す．昇華圧曲線の下の領域（G 面の投影）が水蒸気であり，上の領域（S 面の投影）が氷である．O 点はそれぞれの領域を分ける三つの曲線の交点（二つの相が共存する三つの面の共通線の投影）である（章末問

---

*1　$P\text{-}V$ 平面へ投影した相図の例としては，Ⅲ巻で示した図 7・5 がある．いろいろな温度での断面図を投影して，二酸化炭素の液化の様子を説明した．
*2　図の説明をわかりやすくするために，縦軸の縮尺は線形にしていない．

題 7・1 参照）．これを三重点という．三重点が示す圧力（約 0.006 atm）と温度（約 273.16 K）*では，氷と水と水蒸気のすべてが共存する．

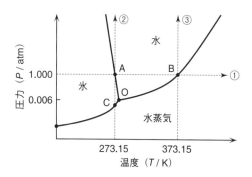

図 7・2　氷，水，水蒸気の相図（*P-T* 平面への投影）

　標準圧力（1 atm）で，物質の状態が温度とともに，どのような相に変化するか（定圧過程）を調べるためには，図 7・2 の相図の *P* = 1 atm のところで水平線 ① を引けばよい（章末問題 7・2 参照）．水平線を左から右に進めば，温度が高くなることを意味し，融解圧曲線と交わる．この交点 A の温度を融点といい，氷の融点は 1 atm で 0 ℃（273.15 K）である．水平線をさらに右に進むと蒸気圧曲線と交わる．この交点 B の温度が沸点であり，水の沸点は 1 atm で 100 ℃（373.15 K）である．水平線の高さを変えれば，1 atm 以外の圧力で，物質が温度とともに，どのような相に変化するかもわかる．たとえば，山の上での圧力（気圧）は 1 atm よりも低い．この場合には，水平線を少し下げて考えればよい．氷の融点は上がるし（融解圧曲線上を右に下がる），水の沸点は下がる（蒸気圧曲線上を左に下がる）．融点や沸点は圧力によって変わるので，標準圧力 1 atm での融点と沸点を，特に標準融点と標準沸点という．

　図 7・2 の垂直線 ② の変化は，0 ℃（273.15 K）での等温過程である．垂直線を下から上に進めば，圧力が高くなることを意味し，昇華圧曲線と交わる．この交点 C の温度を昇華点といい，水蒸気と氷が共存する．さらに，圧力を上げると（昇華圧曲線を超えると），すべてが氷になる．さらに圧力を上げて A 点（融点）になると，氷と水が共存する．さらに圧力を上げると（融解圧曲

---

　*　2019 年 5 月 20 日より，温度はボルツマン定数などによって定義されるようになったため，水の三重点の温度は不確かさのある定数となった．

線を超えると），すべての氷が水になる．一方，垂直線 ③ の変化は 100 ℃
(373.15 K) での等温過程である（章末問題 7・2 参照）．この場合には，圧力
を上げても昇華圧曲線と交わらずに，いきなり B 点（沸点）で蒸気圧曲線と
交わる．蒸気圧曲線を超えると，すべての水蒸気が水になる．

7・2 分子レベルでみた相変化

氷と水と水蒸気を分子レベルで模式的に描くと，図 7・3 のようになる．
H_2O 分子は H 原子と O 原子の電気陰性度が異なるので（Ⅱ巻§2・3 参照），
電気陰性度が相対的に小さい H 原子は少し正の電荷をもち，電気陰性度が相
対的に大きい O 原子は少し負の電荷をもつ．そうすると，ある H_2O 分子の H
原子と別の H_2O 分子の O 原子の間で静電引力がはたらき，エネルギーが低く
なって安定化する．このような分子間力（Ⅲ巻 8 章参照）を特に水素結合とい
う．水素結合が多ければ多いほど，エネルギーは低くなって安定化する．

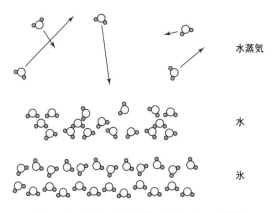

図 7・3 分子レベルで描いた氷，水，水蒸気

固体の氷は H_2O 分子の結晶であり，すべての H_2O 分子が水素結合によって
規則的に並ぶ．三状態のなかでは最もエネルギーの低い安定な状態である．外
界から氷に熱エネルギーを与えると，氷の温度は上がる．熱エネルギーによっ
て，格子振動が激しくなると考えればよい（§1・3 参照）．さらに外界から熱
エネルギーを与えると，一部の水素結合が切れて液体の水になる．水はいくつ
かの H_2O 分子が水素結合で安定化した状態である．このような分子集団をク

ラスターという．外界から熱エネルギーを与えると，一部の水素結合が切れて，大きな水クラスターが小さな水クラスターになる．さらに外界から熱エネルギーを与えると，水クラスターのすべての水素結合が切れて水蒸気となる．水蒸気の H_2O 分子には水素結合がないので，自由に空間を移動できる．

7・3 各相でのエンタルピーの変化量

3章で説明したように，物質に熱エネルギーを与えると，物質のエンタルピーが変化する．定圧過程（図7・2の水平線 ①）では，物質に与えられた熱エネルギーの微小変化が，物質のエンタルピーの微小変化となる（$dH = \delta Q$）．エンタルピーの変化量 ΔH は，§3・4で説明したように，定圧モル熱容量 C_P がわかれば，温度範囲（$T_1 \to T_2$）を指定して計算できる〔(3・20)式〕[*]．

$$\Delta H = H_2 - H_1 = \int_{T_1}^{T_2} C_P dT \tag{7・1}$$

標準圧力（1 atm）で，氷，水，水蒸気の定圧モル熱容量 C_P（実測値）を図7・4に示す．氷の C_P は温度にほぼ比例するので，次のように近似できる．

$$C_P = 0.138T \tag{7・2}$$

そうすると，たとえば，223.15 K（-50℃）の 1 mol の氷を，273.15 K（0℃）の氷にしたときのエンタルピーの変化量 ΔH は，(7・2)式を(7・1)式に代入して，

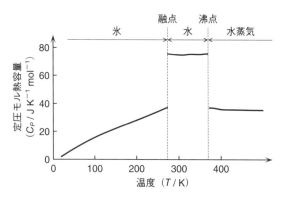

図 7・4　氷，水，水蒸気の定圧モル熱容量 （1 atm）

---

[*] モル熱容量 C_P を用いて計算しているので，エンタルピーの変化量はモルエンタルピーの変化量 ΔH_m になる．しかし，添え字が煩雑になるので，添え字の m を省略する．

$$\Delta H = \int_{223.15}^{273.15} 0.138T\mathrm{d}T = 0.138\times(1/2)\times(273.15^2 - 223.15^2) \tag{7・3}$$
$$\approx 1712\,\mathrm{J} = 1.712\,\mathrm{kJ}$$

と計算できる[*].

　一方, 水の C_P は約 $75.3\,\mathrm{J\,K^{-1}\,mol^{-1}}$ で, ほぼ一定の値であり, 氷の C_P に比べると2倍以上である. 水クラスターは氷と違って, 外界からもらった熱エネルギーを水クラスター全体の並進運動のほかに, 回転運動や振動運動に使う. その結果, ぐにゃぐにゃした運動ができる水の C_P は, 硬くて動きにくい氷よりも大きくなる. 水の C_P は温度に依存しないと近似できるので, (7・1)式の C_P を積分の外に出して, ΔH を次のように計算できる.

$$\Delta H = C_P \Delta T \tag{7・4}$$

たとえば, 外界から熱エネルギーを与えて, $273.15\,\mathrm{K}$ (0 ℃) の1 mol の水を, $373.15\,\mathrm{K}$ (100 ℃) の水にしたときのエンタルピーの変化量 ΔH は,

$$\Delta H = 75.3\times(373.15-273.15) = 7530\,\mathrm{J} = 7.530\,\mathrm{kJ} \tag{7・5}$$

と計算できる.

　また, 水蒸気の C_P は約 $37.1\,\mathrm{J\,K^{-1}\,mol^{-1}}$ で, ほぼ一定の値である. 気体の C_P については3章で詳しく説明した (表3・2参照). 水蒸気では, もはや水素結合を切ることはないので, 水蒸気の C_P は水よりも小さい. たとえば, $373.15\,\mathrm{K}$ (100 ℃) の1 mol の水蒸気を $423.15\,\mathrm{K}$ (150 ℃) の水蒸気にしたとする. C_P の値を(7・4)式に代入して,

$$\Delta H = 37.1\times(423.15-373.15) = 1855\,\mathrm{J} = 1.855\,\mathrm{kJ} \tag{7・6}$$

と計算できる.

7・4 相変化に伴うエンタルピーの変化量

　それでは, 標準圧力 (1 atm) で, $223.15\,\mathrm{K}$ (−50 ℃) の1 mol の氷を $423.15\,\mathrm{K}$ (150 ℃) の水蒸気にするときのエンタルピーの変化量は, $\Delta H = 1.712+7.530+1.855 = 11.097\,\mathrm{kJ}$ になるかというと, そうはならない. なぜならば, 融点 $273.15\,\mathrm{K}$ の氷を同じ温度の水に融解するためには, 熱エネルギーが必要だからである (等温定圧過程). このときのエンタルピーの変化量 $\Delta_{\mathrm{fus}}H$

---

[*] 物質量を1 molと指定しているので, エンタルピーの変化量の単位はエネルギーのJ (ジュール) になる. 物質量が指定されていなければ, 1 mol あたりのエンタルピーの変化量として, エンタルピーの単位を $\mathrm{J\,mol^{-1}}$ とする.

（$= H_水 - H_氷$）を融解エンタルピーという。Δ_{fus} は融解（fusion）による変化を表す。氷の $\Delta_{fus}H$ は $6.01\ \mathrm{kJ\ mol^{-1}}$ である。同様に，沸点 $373.15\ \mathrm{K}$ で，水を水蒸気にするための蒸発エンタルピー $\Delta_{vap}H$（$= H_{水蒸気} - H_水$）は $40.66\ \mathrm{kJ\ mol^{-1}}$ である[*]。Δ_{vap} は蒸発（vaporization）による変化を表す。そうすると，標準圧力（1 atm）で，$223.15\ \mathrm{K}$ の 1 mol の氷を $423.15\ \mathrm{K}$ の水蒸気にするときのエンタルピーの変化量 ΔH は，$\Delta_{fus}H$ と $\Delta_{vap}H$ も足し算して，次のようになる。

$$\Delta H = 1.712 + 6.01 + 7.530 + 40.66 + 1.855 \approx 57.77\ \mathrm{kJ} \qquad (7 \cdot 7)$$

代表的な物質の $\Delta_{fus}H$ と $\Delta_{vap}H$ を表 7・1 に示す。沸点（boiling point）T_b と融点も並べて載せた。融点（melting point）は T_m と書くこともあるが，凝固点（freezing point）のことでもあるので，13 章にあわせて T_f と書いた。二酸化炭素と氷以外の $\Delta_{fus}H$ は 1 atm 以下で測定された値である。たとえば，水素については，圧力が 0.71 atm の値を載せた。二酸化炭素の固体（ドライアイス）は圧力を 5.11 atm に上げると融解するので，その圧力での T_f と $\Delta_{fus}H$ を載せた。また，二酸化炭素は標準圧力（1 atm）では液化しないので，昇華点（sublimation point）と昇華エンタルピー $\Delta_{sub}H$ を載せた。なお，結晶相が変わるとエンタルピーも変化する。たとえば，極低温では氷の結晶は立方最密充填構造であるが，室温に近い低温では六方最密充填になる（III章§8・2 参

表 7・1　代表的な物質の融解エンタルピー $\Delta_{fus}H$ と蒸発エンタルピー $\Delta_{vap}H$（1 atm）

物質	融点 T_f / K	$\Delta_{fus}H$ / kJ mol^{-1}	沸点 T_b / K	$\Delta_{vap}H$ / kJ mol^{-1}
H$_2$	14	0.12[†1]	20	0.904
N$_2$	63	0.72[†1]	77	5.58
O$_2$	55	0.44[†1]	90	6.82
CO	68	0.83[†1]	82	6.04
CO$_2$	217	8.33[†2]	195[†3]	25.23[†3]
H$_2$O	273.15	6.01	373.15	40.66
NH$_3$	195	5.66[†1]	240	23.35
CH$_4$	91	9.38[†1]	112	8.18

†1　1 atm 以下での値。
†2　5.11 atm での値。
†3　昇華点と昇華エンタルピー。

---

[*]　融点および沸点で，熱エネルギーはおもに水素結合を切るためのエネルギーに使われる。融解よりも蒸発のほうが切る水素結合が多いので，融解エンタルピーよりも蒸発エンタルピーのほうが桁違いに大きい。

照）．相変化に伴うエンタルピーの変化量を総称して転移エンタルピーといい，$\Delta_{\text{trs}}H$ と書く．trs は転移（transition）を表す．氷の結晶の転移温度は 72 K，転移エンタルピーは 0.17 kJ mol^{-1} である．

絶対零度（0 K）から温度を上げたときの氷，水，水蒸気のエンタルピーの変化を図 7・5 に示す．縦軸にエンタルピー H の値（変化量 ΔH ではない）をとり，横軸に温度 T をとった．氷のエンタルピーの微小変化は，

$$\mathrm{d}H = C_P\mathrm{d}T = 0.138T\mathrm{d}T \tag{7・8}$$

で与えられるから，両辺を 0 K から T K まで積分すると，

$$\Delta H = H-H_0 = \int_0^T 0.138T\mathrm{d}T = 0.138\times(1/2)\times T^2 = 0.069T^2 \tag{7・9}$$

となる．ここで，§2・2 で説明したように，物質のエンタルピーの絶対値を決めることはできないので，絶対零度（0 K）でのエンタルピーの値を H_0 とした．氷のエンタルピー H は温度 T の 2 次関数になる．

$$H = 0.069T^2 + H_0 \tag{7・10}$$

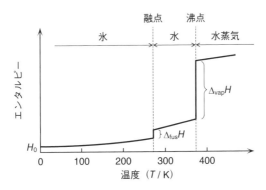

図 7・5　氷，水，水蒸気のエンタルピー（1 atm）

融点（273.15 K）で，$\Delta_{\text{fus}}H$（$= 6.01$ kJ mol^{-1}）と同じ大きさの熱エネルギーを与えると，すべての氷が水になる．同じ融点（273.15 K）でエンタルピーが増えるので，図 7・5 のグラフでは垂直線になる．垂直線の長さが $\Delta_{\text{fus}}H$ の大きさに相当する．

水の C_P は一定の値（75.3 J K^{-1} mol^{-1}）であると近似すると，

$$\Delta H = 75.3(T-273.15) \tag{7・11}$$

となって，直線的に増える〔(7·4)式参照〕．直線の傾きが定圧モル熱容量 C_P に相当する．そうすると，水のエンタルピー H は，(7·10)式で $T = 273.15\,\mathrm{K}$ を代入して求めた氷のエンタルピーに，$\Delta_{\mathrm{fus}}H$（$6.01\,\mathrm{kJ\,mol^{-1}}$）と(7·11)式を足し算して，

$$\begin{aligned} H &= 0.069 \times 273.15^2 + 6010 + 75.3 \times (T - 273.15) + H_0 \\ &\approx 75.3T - 9410 + H_0 \end{aligned} \tag{7·12}$$

となる．ここでは kJ の単位を J にそろえて計算した．

　同様に，沸点（$373.15\,\mathrm{K}$）で $\Delta_{\mathrm{vap}}H$（$= 40.66\,\mathrm{kJ\,mol^{-1}}$）と同じ大きさの熱エネルギーを与えると，すべての水が水蒸気になる．また，図7·5では垂直線となる．水蒸気の C_P は一定の値（$37.1\,\mathrm{J\,K^{-1}\,mol^{-1}}$）であると近似すると，水蒸気のエンタルピーの変化量も直線的に増える．

$$\Delta H = 37.1 \times (T - 373.15) \tag{7·13}$$

したがって，水蒸気のエンタルピー H は，(7·12)式で $T = 373.15\,\mathrm{K}$ を代入して求めた水のエンタルピーに，$\Delta_{\mathrm{vap}}H$（$40.66\,\mathrm{kJ\,mol^{-1}}$）と (7·13)式を足し算して，

$$\begin{aligned} H &= 75.3 \times 373.15 - 9410 + H_0 + 40\,660 + 37.1 \times (T - 373.15) \\ &\approx 37.1T + 45\,500 + H_0 \end{aligned} \tag{7·14}$$

となる（単位の kJ は J にそろえた）．

7·5　標準モルエントロピーと熱力学第三法則

　相が変化するときには，エンタルピーだけではなく，エントロピーも変化する．4章で説明したように，秩序ある状態ならば微視的状態の総数（状態和）が少なく，エントロピーは小さい．一方，無秩序な状態ならば微視的状態の総数（状態和）は多く，エントロピーは大きい．そうすると，図7·3をみるとわかるように，氷の結晶は規則的に H_2O 分子が並んだ秩序ある状態だから，エントロピーは小さく，水はクラスターがぐにゃぐにゃ動くので，水のエントロピーは氷よりも大きい．水蒸気はすべての H_2O 分子が自由に空間を移動する無秩序な状態だから，水蒸気のエントロピーは水よりも大きいと予想される．実際に，氷，水，水蒸気のエントロピーが，温度とともにどのように変化するかを計算してみよう．

　定圧過程でのエントロピーの微小変化は次のように書ける〔(4·18)式参照〕．

$$\mathrm{d}S = \frac{\delta Q}{T} = \frac{C_P}{T}\mathrm{d}T \qquad (7 \cdot 15)$$

氷のエントロピーの変化量 ΔS は，(7・2)式の C_P を代入し，両辺を 0 K から T K まで積分すると，

$$\Delta S = S - S_0 = \int_0^T 0.138\,\mathrm{d}T = 0.138T \qquad (7 \cdot 16)$$

となる．ここで，絶対零度でのエントロピーを S_0 とした．そうすると，

$$S = 0.138T + S_0 \qquad (7 \cdot 17)$$

となる．また，水のエントロピーの変化量 ΔS は，C_P が一定の値（75.3 J K^{-1} mol^{-1}）であると近似すれば，(7・15)式の両辺を 273.15 K から T K まで積分して，

$$\Delta S = \int_{273.15}^T \frac{75.3}{T}\mathrm{d}T = 75.3(\ln T - \ln 273.15) = 75.3\ln\left(\frac{T}{273.15}\right) \quad (7 \cdot 18)$$

となる．同様に，水蒸気のエントロピーの変化量 ΔS は，C_P が一定の値（37.1 J K^{-1} mol^{-1}）であると近似すれば，(7・15)式の両辺を 373.15 K から T K まで積分して，次のようになる．

$$\Delta S = \int_{373.15}^T \frac{37.1}{T}\mathrm{d}T = 37.1(\ln T - \ln 373.15) = 37.1\ln\left(\frac{T}{373.15}\right) \quad (7 \cdot 19)$$

すでに説明したように，融点，沸点ではエンタルピーが変化するので，エントロピーの変化量も考慮しなければならない．融点，沸点では温度が一定だから，(7・15)式を積分して $Q = \Delta H$ とおけば，

$$\Delta S = \frac{Q}{T} = \frac{\Delta H}{T} \qquad (7 \cdot 20)$$

となる．つまり，融解エンタルピー $\Delta_{\mathrm{fus}}H$ を融点 T_{f} で割り算すれば，融点でのエントロピーの変化量（融解エントロピー $\Delta_{\mathrm{fus}}S$）を計算できる．同様に，蒸発エンタルピー $\Delta_{\mathrm{vap}}H$ を沸点 T_{b} で割り算すれば，蒸発エントロピー $\Delta_{\mathrm{vap}}S$ を計算できる．

縦軸にエントロピーの計算値（変化量 ΔS ではない）をとり，横軸に温度をとると，図7・6のグラフのようになる（章末問題7・8と7・9参照）．エントロピーは氷 < 水 < 水蒸気の順番に大きくなる．また，融点および沸点では，$\Delta_{\mathrm{fus}}S$ および $\Delta_{\mathrm{vap}}S$ のためにグラフは垂直線になる．垂直線の長さが $\Delta_{\mathrm{fus}}S$ および $\Delta_{\mathrm{vap}}S$ の大きさに相当する．

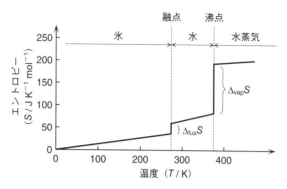

図 7・6　氷，水，水蒸気のエントロピー（1 atm）

すでに説明したように，物質のエンタルピーの絶対値を決めることはできない．しかし，氷の C_P は温度 T にほぼ比例するので〔(7・2)式参照〕，エントロピーのグラフは絶対零度で原点を通ることが予想される．そこで，実験では絶対零度のエントロピーを測定できないが，"絶対零度ではすべての物質のエントロピーは 0 である"と考える．つまり，$S_0 = 0$ と考える．これを"熱力学第三法則"とよぶ．あるいは，このことを最初に提唱したネルンスト（H. W. Nernst）の名前をつけて，"ネルンストの熱定理"とよぶ．微視的状態の言葉で熱力学第三法則を表現すれば，"すべての物質は絶対零度で完全に規則的な結晶になっていて，微視的状態は 1 種類である"となる（$S_0 = k_B \ln 1 = 0$）．

熱力学第三法則に基づいて $S_0 = 0$ とすれば，エンタルピー（$H_0 \neq 0$）とは異なり，エントロピーは変化量ではなく，温度 T での絶対値を決めることが

表 7・2　代表的な物質の標準モルエントロピー $S^{\ominus}$（1 atm，298.15 K）

物質	状態	$S^{\ominus}/\mathrm{J\,K^{-1}\,mol^{-1}}$	物質	状態		$S^{\ominus}/\mathrm{J\,K^{-1}\,mol^{-1}}$
He	気体	126	CO_2	気体		214
Ne	気体	146	NO_2	気体		240
Ar	気体	155	H_2O	液体（水）		70
H_2	気体	131		気体（水蒸気）		189
N_2	気体	192	NH_3	気体		193
O_2	気体	205	CH_4	気体		186
CO	気体	198	C	固体（グラファイト）		5.69
NO	気体	211		固体（ダイヤモンド）		2.4

できる．標準圧力（1 atm），1 mol あたりのエントロピーを標準モルエントロピーといい，S の右上に標準圧力を表す $\ominus$ の記号を添える〔1 mol を表す添え字の "m" は省略する（80 ページの脚注参照）〕．室温（298.15 K）で，代表的な物質の標準モルエントロピー $S^{\ominus}$ を表 7・2 に示す．なお，同じ物質でも，相が異なると $S^{\ominus}$ の値も異なるので，注意が必要である．たとえば，水と水蒸気の $S^{\ominus}$ の値は異なる．水の $S^{\ominus}$ は図 7・6 のグラフの 298.15 K での値を読み取れば，約 70 J K^{-1} mol^{-1} であることがわかる．一方，水蒸気の $S^{\ominus}$ は，図 7・6 の水蒸気のグラフを 298.15 K に外挿して，約 184 J K^{-1} mol^{-1} と求めることができ，表 7・2 の実測値とほぼ一致する[*1]．また，同じ物質でも同素体の $S^{\ominus}$ は異なる．ダイヤモンドはグラファイトよりも結晶性がよいので[*2]，微視的状態の種類が少なく，$S^{\ominus}$ は小さな値になる．

章末問題

7・1 図 7・1 の 3 次元空間の相図で，三重点を表す共通線を示せ．

7・2 図 7・1 の 3 次元空間の相図で，標準圧力（1 atm）での定圧過程 ① を示せ．また，温度 373.15 K での等温過程 ③ を示せ．

7・3 1 atm で，温度 200 K の 2 mol の氷を温度 300 K の水にした．エンタルピーの変化量を求めよ．

7・4 1 atm で，温度 300 K の 2 mol の水を温度 400 K の水蒸気にした．エンタルピーの変化量を求めよ．

7・5 1 atm で，273.15 K の氷が 273.15 K の水蒸気になったとする．昇華エンタルピーを計算せよ．

7・6 1 atm，融点（273.15 K）で，氷の融解エントロピー $\Delta_{\mathrm{fus}}S$ を求めよ．

7・7 1 atm，沸点（373.15 K）で，水の蒸発エントロピー $\Delta_{\mathrm{vap}}S$ を求めよ．

7・8 1 atm，温度 T で，水のエントロピーを表す式を求めよ．

7・9 1 atm，温度 T で，水蒸気のエントロピーを表す式を求めよ．

7・10 解答 7・9 から，水蒸気の標準モルエントロピー $S^{\ominus}$ を計算せよ．

[*1] 図 7・5 と図 7・6 は，定圧モル熱容量 C_P の近似式を使った計算値で描いているので，実測値とは少しずれる．

[*2] ダイヤモンドの炭素原子は sp^3 混成軌道であり，氷の結晶に似た構造をしている．グラファイトの炭素原子は sp^2 混成軌道であり，π 軌道がファンデルワールス結合をつくる層状の化合物である〔中田宗隆著，"化学結合論"，裳華房（2018）参照〕．

8
ギブズエネルギーと相平衡

> 圧力と温度が一定の相平衡では，共存する相の物質量が変化しても，ギブズエネルギーは変わらない．また，それぞれの相の化学ポテンシャルは同じになる．6章で理解した熱力学的エネルギーと状態変数との関係式や，マクスウェルの関係式を用いると，相図の融解圧曲線，蒸気圧曲線，昇華圧曲線の傾きを表す式を導くことができる．

8・1 ギブズエネルギーの温度依存性

前章では，氷，水，水蒸気のエンタルピーおよびエントロピーが，温度とともにどのように変化するかを調べた．§7・4で説明したように，標準圧力 (1 atm) で，氷のエンタルピー H は近似的に(7・10)式で与えられる．

$$H = 0.069T^2 + H_0 \tag{8・1}$$

また，氷のエントロピー S は近似的に(7・17)式で与えられる．

$$S = 0.138T \tag{8・2}$$

ただし，熱力学第三法則に基づいて，絶対零度でのエントロピー S_0 を 0 とした．ここでは，標準圧力 (1 atm) で，ギブズエネルギーが温度とともにどのように変化するかを調べる．

(6・10)式で示したように，ギブズエネルギー G は，

$$G = H - TS \tag{8・3}$$

と定義される．したがって，氷のギブズエネルギーは，(8・3)式に(8・1)式と(8・2)式を代入して，

$$G = 0.069T^2 + H_0 - T \times 0.138T = -0.069T^2 + H_0 \tag{8・4}$$

となる．同様にして，水のギブズエネルギーは，エンタルピーを表す(7・12)式と章末問題7・8の解答のエントロピーの式を使って，

$$G = \left\{15.3 - 75.3\ln\left(\frac{T}{273.15}\right)\right\}T - 9410 + H_0 \tag{8・5}$$

となる (章末問題8・1)．また，水蒸気のギブズエネルギーは，エンタルピー

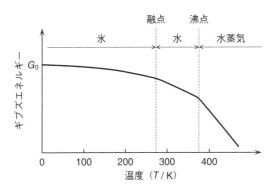

を表す(7・14)式と章末問題7・9の解答のエントロピーの式を使って,

$$G = \left\{-155.4 - 37.1\ln\left(\frac{T}{373.15}\right)\right\}T + 45\,500 + H_0 \qquad (8\cdot6)$$

となる(章末問題8・2).

　氷,水,水蒸気のギブズエネルギー(変化量 ΔG ではない)が,温度に対してどのように変化するかを図8・1に示す.内部エネルギーやエンタルピーと同様に,ギブズエネルギーも絶対値を決めることができないので,基準となる絶対零度での値 G_0 を適当に選んで描いた.なお,絶対零度では(8・3)式の第2項の S も T も0なので,$G_0 = H_0$ である.

図 8・1　氷,水,水蒸気のギブズエネルギー(1 atm)

　7章で説明したように,エンタルピー(図7・5参照)とエントロピー(図7・6参照)は氷 < 水 < 水蒸気の順番で高くなる.一方,図8・1のギブズエネルギーは氷 > 水 > 水蒸気の順番で低くなる.その理由は,(8・3)式の第1項のエンタルピー H が氷 < 水 < 水蒸気の順番で高くなるが(§7・3参照),この順番でエントロピー S も大きくなり(§7・5参照),温度 T も考慮すると,束縛エネルギー TS の寄与がエンタルピー H の寄与よりも大きくなるからである.その結果,ギブズエネルギーは氷 > 水 > 水蒸気の順番で低くなる.

8・2　相平衡でのギブズエネルギー

　エンタルピー(図7・5参照)やエントロピー(図7・6参照)には,融点および沸点で,融解や蒸発に伴う変化量を表す垂直線があった.しかし,図8・1のギブズエネルギーには垂直線がない.つまり,融点および沸点で,グラフ

は点でつながっている．このことは，融点で氷と水のギブズエネルギーが，そして，沸点で水と水蒸気のギブズエネルギーが同じ値になることを意味している．図6・1と同様の図を使って，相平衡を説明すると，図8・2のようになる．

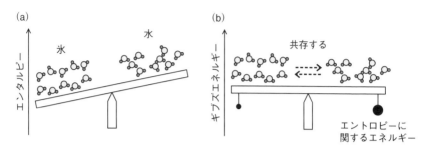

図 8・2　エントロピーを考慮した氷と水の相平衡の説明

　融点（1 atm，273.15 K）では，水のエンタルピーのほうが氷よりも 6.01 kJ mol^{-1}（融解エンタルピー）も高い．したがって，両者のエネルギーをエンタルピーで比べると，すべての水はエンタルピーの低い氷になる〔図8・2(a)〕．しかし，エントロピーを考慮したギブズエネルギーで比べると同じ値になる〔図8・2(b)〕．ちょうど，斜めだった樋の端に，エントロピーに関する異なる重さの錘（$-TS$）をつけて水平にして，水が左にも右にも流れるようにしたようなものである．融点ではエンタルピーもエントロピーも氷と水で異なるが，ギブズエネルギーは同じなので，氷は水になったり，水は氷になったりして，氷と水が共存する相平衡になる．

　ピストンの模式図を使って，融点での氷と水の相平衡の様子を描くと，図8・3のようになる．ここでは，外界との熱エネルギーや仕事エネルギーのやり取りを表す矢印などは省略した．すべてが氷になっている状態〔図8・3(a)〕に熱エネルギーを与えると，一部の氷が融けて，水と氷が共存する〔図

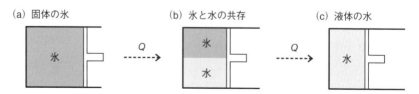

図 8・3　相平衡での体積変化（1 atm，273.15 K）

8・3(b)〕. さらに, 熱エネルギーを与えると, すべての氷が水になる〔図8・3(c)〕. 液体の水の体積は, ふつうの物質と異なり, 固体の氷の体積よりも小さいので*, 系全体の体積は減る. 相平衡では圧力と温度は一定であるが, 体積は変化する. 図7・1の3次元空間の相図で説明すると, S+L面の$P=1$ atmの断面の線が, 氷と水が共存する相平衡の体積変化を表す（章末問題7・2の解答図参照). 断面の線のS面側の端が図8・3(a)に, 断面の線のL面側の端が図8・3(c)に対応する.

　相平衡でギブズエネルギーが変わらないことを式で説明すると, 次のようになる. すべての氷が水になるときの融解エントロピー $\Delta_{fus}S$ は, 融解エンタルピー $\Delta_{fus}H$ を融点 T_f で割り算すれば得られる〔(7・20)式参照).

$$\Delta_{fus}S = \frac{\Delta_{fus}H}{T_f} \tag{8・7}$$

相平衡では温度と圧力が一定だから, (8・7)式を(6・13)式に代入すると,

$$\Delta_{fus}G = \Delta_{fus}H - T_f\Delta_{fus}S = 0 \tag{8・8}$$

となって, 融解ギブズエネルギー $\Delta_{fus}G$（$= G_水 - G_氷$）は0であることがわかる. つまり, 圧力と温度が一定の融点では, すべてが氷でも, すべてが水でも, 氷と水が共存しても, 系全体のギブズエネルギーは変わらない.

　それぞれの相の化学ポテンシャル $\mu_氷$ と $\mu_水$ で相平衡を説明すると, 次のようになる. 系全体の物質量を n とすると, 図8・3(a)の氷のギブズエネルギーは $G = G_氷 = n\mu_氷$ となる〔(6・41)式参照). また, 図8・3(c)の水のギブズエネルギーは $G = G_水 = n\mu_水$ となる. 図8・3(b)で共存する氷と水の物質量を $n_氷$ と $n_水$ とすると, エネルギーは示量性状態量だから, 系全体のギブズエネルギー G は,

$$G = G_氷 + G_水 = n_氷\mu_氷 + n_水\mu_水 \tag{8・9}$$

となる. ただし, $n = n_氷 + n_水$（一定）である. 氷と水が共存した図8・3(b)で, 微小量の氷が水に変化したとすると, $dn_水 = -dn_氷$ が成り立つ（たとえば, 0.01 molの氷が減ると, 0.01 molの水が増えるという意味). そうすると, 系全体のギブズエネルギーの微小変化 dG は,

$$dG = \mu_氷 dn_氷 + \mu_水 dn_水 = (\mu_氷 - \mu_水)dn_氷 \tag{8・10}$$

---

*　氷の結晶はすべての H_2O 分子が水素結合によって規則正しく並んでいる. 結晶のなかに H_2O 分子に囲まれた隙間ができるので, 固体の氷の体積のほうが液体の水よりも大きくなる（87ページの脚注2の参考書参照).

となる. すでに説明したように, 融点では氷と水が共存し, 物質量の変化に対してギブズエネルギーは変化しない ($dG/dn_水 = 0$). したがって, 相平衡のように, 圧力と温度が一定の条件では,

$$\mu_水 = \mu_水 \qquad (8\cdot11)$$

となる. つまり, 相平衡では, それぞれの相の化学ポテンシャルが等しい.

　同様に, 沸点では水と水蒸気は相平衡になるから, 蒸発ギブズエネルギー $\Delta_{vap}G$ ($= G_{水蒸気} - G_水$) も 0 である. 圧力と温度が一定の沸点では, すべてが水蒸気でも, すべてが水でも, 水と水蒸気が共存しても, 系全体のギブズエネルギーは変わらない. また, 水と水蒸気の化学ポテンシャルについては,

$$\mu_水 = \mu_{水蒸気} \qquad (8\cdot12)$$

が成り立つ.

8・3　過冷却水のギブズエネルギー

　図 8・1 は, 圧力 P が一定 (1 atm) の条件で, ギブズエネルギー G が温度 T に対して, どのように変化するかを示したグラフである. つまり, グラフの傾きは $(\partial G/\partial T)_P$ のことである. 表 6・2 からわかるように, この傾きは ($-S$) に等しい. したがって, エントロピー S が大きくなれば, 図 8・1 のグラフの傾きは右下がりで (符号が負), 急になる. すでに §7・2 で説明したように, 氷 < 水 < 水蒸気の順番でエントロピー S は大きくなる. 分子が自由に運動できるほど無秩序になり, エントロピーが大きくなると考えればよい. そうすると, この順番で図 8・1 のグラフの傾きは急になると解釈できる.

　図 8・1 の融点付近の温度範囲 (240 K ≦ T ≦ 300 K) を拡大して図 8・4 に

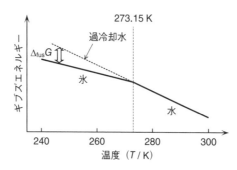

図 8・4　過冷却水の融解ギブズエネルギー (図 8・1 の融点付近の拡大図)

示す．液体の水から熱エネルギーを奪って冷やしていくと（グラフを右から左に進むと），融点（凝固点）で必ず固体の氷になるかというと，そうとも限らない．熱エネルギーをうまく奪うと，融点以下でも液体の水のままになることがある．これを過冷却水という．過冷却水のギブズエネルギーは，図8・4の水のグラフを融点以下に外挿すれば求めることができる（破線）．同じ温度で過冷却水（破線）と氷（実線）を比べると，過冷却水のギブズエネルギーは，氷よりも高くて不安定である．つまり，標準圧力（1 atm）で，融点以下の温度では融解ギブズエネルギー $\Delta_{\mathrm{fus}}G$ が0ではない．そこで，何らかの刺激を与えると，不安定な過冷却水は瞬時に安定な氷になり，その際に $\Delta_{\mathrm{fus}}G$ と同じ大きさの熱エネルギーを放出する．

　標準圧力（1 atm）で，融解ギブズエネルギー $\Delta_{\mathrm{fus}}G$ が融点以下の温度で0にならない理由を，融解エンタルピー $\Delta_{\mathrm{fus}}H$ と融解エントロピー $\Delta_{\mathrm{fus}}S$ に分けて考えてみよう．図7・5の融点付近の温度範囲（240 K ≦ T ≦ 300 K）のエンタルピーを拡大して図8・5(a)に示す．過冷却水のエンタルピー（破線）と氷のエンタルピー（実線）の差が融点以下での $\Delta_{\mathrm{fus}}H$ を表す．水の定圧モル熱容量 C_P が氷よりも大きいので（図7・4参照），水のグラフの傾きが氷よりも急になる．その結果，$\Delta_{\mathrm{fus}}H$ の大きさは温度が下がるとともに少しずつ小さくなる（間隔が狭くなる）．

　また，図7・6の融点付近のエントロピーを拡大して図8・5(b)に示す．$\Delta_{\mathrm{fus}}H$ と同様に，温度が下がるとともに $\Delta_{\mathrm{fus}}S$ の大きさも少しずつ小さくなる（間隔が狭くなる）．$\Delta_{\mathrm{fus}}G$ は $\Delta_{\mathrm{fus}}H$ と $\Delta_{\mathrm{fus}}S$ と融点 T_{f} に関係する〔(8・8)式参

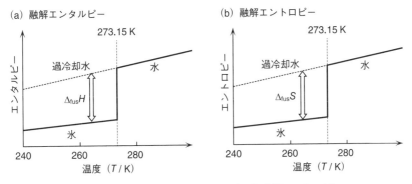

図 8・5　過冷却水の融解エンタルピーと融解エントロピー
（図7・5と図7・6の融点付近の拡大図）

照〕．温度が下がるとともに $\Delta_{fus}H$ も $\Delta_{fus}S$ も同じように小さくなるが[*]，融点 T_f の大きさも小さくなるために $T_f\Delta_{fus}S$ の寄与が小さくなり，$\Delta_{fus}G$ は 0 ではなく正の値になる（章末問題 8・5 参照）．つまり，過冷却水のほうが氷よりも不安定であるという意味である．

　過冷却水蒸気（融点以下の水蒸気）もある．寒冷地では，冬のよく晴れた風のない夜に過冷却水蒸気ができる．そして，過冷却水蒸気はわずかな刺激によって $\Delta_{sub}G$ を放出して氷に変化する．ダイヤモンドダストとして知られている．

8・4　ギブズエネルギーの圧力依存性

　今度は温度 T が一定の条件で，ギブズエネルギー G が圧力 P に対して，どのように依存するか，つまり，$(\partial G/\partial P)_T$ を調べる．表 6・2 からわかるように，$(\partial G/\partial P)_T$ は体積 V に等しい．体積 V はどのような相でも常に正の値なので，グラフは常に右上がりになる．また，体積 V が大きくなれば，傾きは急になる．同じ物質量の氷，水，水蒸気の体積を比べると，気体の水蒸気が最も大きい．また，固体の氷と液体の水の体積を比べると，ふつうの物質とは逆で，固体の氷のほうが大きい（91 ページの脚注参照）．そうすると，ギブズエネルギーの圧力に対する傾きは，水 < 氷 < 水蒸気の順番で急になる．

　縦軸にギブズエネルギーをとり，横軸に圧力をとって，温度が 273.15 K の一定の条件でグラフを模式的に描くと，図 8・6(a) のようになる．水蒸気のグラフの傾きは氷のグラフの傾きよりも急なので，二つのグラフは C 点で交わる．そして，C 点よりも高い圧力では，氷のギブズエネルギーのほうが水蒸気よりも低くなる．つまり，圧力を高くすると（実線に沿って右に進むと），水蒸気は C 点（昇華点）で氷になる．さらに圧力を高くすると，氷のグラフの傾きは水よりも急なので，二つのグラフは A 点で交わる．そして，A 点よりも高い圧力では，水のギブズエネルギーのほうが氷よりも低くなる．つまり，圧力を高くすると，氷は A 点（融点）で水になる．これは図 7・2 の相図で，垂直線 ② の矢印に沿って，上に進んだときの相変化を表す．図 8・6(a) の標準圧力（1 atm）では，$G_氷 = G_水 < G_{水蒸気}$ の順番になっている．これは図 8・1 の 273.15 K での値の順番を表す（水蒸気のグラフは 273.15 K に外挿する）．

---

[*]　図 8・5(a) と (b) では縦軸の縮尺も単位も異なるので，傾きの大きさは比較できない．

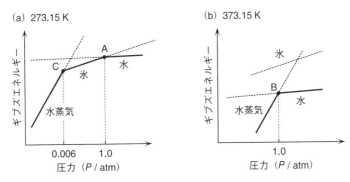

図 8・6　融点，沸点でのギブズエネルギーの圧力依存性と相変化

　一方，温度が 373.15 K の一定の条件で，グラフを模式的に描くと図 8・6(b) のようになる．図 8・6(a) と比べてグラフの傾きの順番は変わらない．圧力を高くすると（実線に沿って右に進むと），B 点（沸点）で水蒸気は氷ではなく水になる．これは図 7・2 の相図で，垂直線 ③ の矢印に沿って上に進んだときの相変化を表す．標準圧力（1 atm）では $G_{水蒸気} = G_水 < G_氷$ の順番になっている．これは図 8・1 の 373.15 K での値の順番を表す（氷のグラフは 373.15 K に外挿する）．

8・5　融解圧曲線，蒸気圧曲線，昇華圧曲線の傾き

　§6・3 で説明したマクスウェルの関係式を使って，融解圧曲線の傾きを解釈してみよう．図 7・1 の S+L 面の投影が融解圧曲線であり，相平衡での温度と圧力の関係を表す．ある体積での S+L 面の断面図と考えてよい（§7・1 参照）．ピストンの模式図を使って，体積が一定の条件で，融解圧曲線に沿った変化の様子を図 8・7 に示す．ある相平衡の状態〔図 8・7(b)〕から温度を

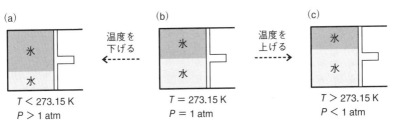

図 8・7　融解圧曲線に沿った相平衡での温度変化と圧力変化（体積一定）

下げると，一部の水が氷になって，圧力の高い相平衡の状態〔図8・7(a)〕になる．固体の氷はふつうの物質と異なり，液体の水よりも体積が大きいので（91ページの脚注参照），系全体の体積が一定ならば，氷および水の圧力は上がる．逆に，ある相平衡の状態〔図8・7(b)〕から温度を上げると，一部の氷が水になって，圧力の低い相平衡の状態〔図8・7(c)〕になる．

融解圧曲線は縦軸に圧力 P をとり，横軸に温度 T をとったグラフだから，傾きは $(\partial P/\partial T)_V$ で表される．これはマクスウェルの関係式(6・35)の左辺のことである．したがって，

$$\left(\frac{\partial P}{\partial T}\right)_V = \left(\frac{\partial S}{\partial V}\right)_T = \frac{\Delta_{\text{fus}}S}{\Delta_{\text{fus}}V} \tag{8・13}$$

が成り立つ．ここで，$\Delta_{\text{fus}}V$ は温度 T での融解に伴う体積の変化量を表す．また，$\Delta_{\text{fus}}S$ は温度 T での融解エントロピーを表す．融解圧曲線で示した圧力と温度ではすべて相平衡なので，(8・7)式で示した $\Delta_{\text{fus}}S = \Delta_{\text{fus}}H/T$ が成り立つ．融点は圧力に依存する変数なので，T_{f} の代わりに T とした．そうすると，融解圧曲線の傾きを表す(8・13)式は，

$$\left(\frac{\partial P}{\partial T}\right)_V = \frac{\Delta_{\text{fus}}H}{T\Delta_{\text{fus}}V} \tag{8・14}$$

となる．これをクラペイロンの式という．

$\Delta_{\text{fus}}H$ は正の値である．一方，$\Delta_{\text{fus}}V$ は，水の体積よりも氷の体積のほうが大きいから，負の値である．具体的に273.15 K で測定した値を使って，$\Delta_{\text{fus}}V$ を計算すると，

$$\Delta_{\text{fus}}V = V_\text{水} - V_\text{氷} = -1.632\times10^{-6}\ \text{m}^3\ \text{mol}^{-1} \tag{8・15}$$

となる．273.15 K での $\Delta_{\text{fus}}H$ は6010 J mol^{-1}（表6・1参照）だから，273.15 K での融解圧曲線の傾きは，

$$\begin{aligned}
\left(\frac{\partial P}{\partial T}\right)_V &= \frac{6010\ \text{J mol}^{-1}}{273.15\ \text{K}\times(-1.632\times10^{-6})\ \text{m}^3\ \text{mol}^{-1}} \\
&\approx -1.35\times10^7\ \text{Pa K}^{-1} \approx -1.33\times10^2\ \text{atm K}^{-1}
\end{aligned} \tag{8・16}$$

と計算できる．とても大きな値であり，融解曲線はほとんど垂直になることがわかる（図7・2参照）．なお，ふつうの物質では，液体の体積のほうが固体の体積よりも大きいので，$\Delta_{\text{fus}}V$ は正の値になり，融解圧曲線は右上がりになる．

今度は蒸気圧曲線の傾きを調べてみよう．図7・2の蒸気圧曲線を拡大すると図8・8のようになる．蒸気圧曲線の傾きについても，(8・14)式と同様の式

が成り立つ. ただし, 水蒸気の体積は水よりも 1000 倍以上も大きいので, $\Delta_{vap}V$ を気体の体積 $V_{気体}$ で近似できる. そうすると, (8・14)式は,

$$\left(\frac{\partial P}{\partial T}\right)_V = \frac{\Delta_{vap}H}{TV_{気体}} \tag{8・17}$$

となる. 蒸発エンタルピー $\Delta_{vap}H$ (＝$H_{水蒸気}-H_{水}$) は正の値なので, (8・17) 式の右辺は正の値になる (温度 T も体積 $V_{気体}$ も正の値). したがって, 融解圧曲線とは異なり, 蒸気圧曲線の傾きは右上がりになる. ふつう, 物質の蒸発エンタルピー $\Delta_{vap}H$ は正の値なので, 蒸気圧曲線の傾きは必ず右上がりになる.

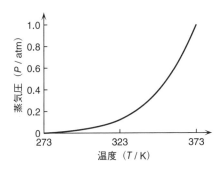

図 8・8　水の蒸気圧曲線

　もしも, 水蒸気を理想気体として近似できるならば, 1 mol あたりの状態方程式 $PV_{気体}=RT$ を(8・17)式に代入して, 蒸気圧曲線の傾きは,

$$\left(\frac{\partial P}{\partial T}\right)_V = \frac{P\Delta_{vap}H}{RT^2} \tag{8・18}$$

となる. これをクラペイロン–クラウジウスの式という. (8・18)式の右辺の P を左辺に移動し, 左辺の ∂T を右辺に移動してから両辺を積分すると,

$$\ln P = -\frac{\Delta_{vap}H}{RT} + c \text{（積分定数）} \tag{8・19}$$

が得られる. ここで, 蒸発エンタルピー $\Delta_{vap}H$ の温度依存性は小さいので (章末問題 8・7 の解答参照), 定数として扱った. 標準圧力 $P^{\ominus}$ を基準にして, 積分定数 c を $\ln P^{\ominus}$ と考えれば, (8・19)式は,

$$\ln\left(\frac{P}{P^{\ominus}}\right) = -\frac{\Delta_{vap}H}{RT} \tag{8・20}$$

となり, 左辺は無次元の自然対数となる. 縦軸に自然対数 $\ln(P/P^{\ominus})$ をとり,

横軸に温度の逆数 $1/T$ をとり，図 8・8 のグラフを描き直すと図 8・9 のようになる．(8・20)式からわかるように，グラフの傾きの大きさが $\Delta_{vap}H/R$ を表す．したがって，傾きの大きさにモル気体定数 R を掛け算すれば，水の蒸発エンタルピー $\Delta_{vap}H$ を求めることができる（章末問題 8・9）.

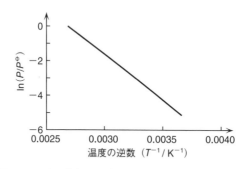

図 8・9　水の蒸気圧曲線から蒸発エンタルピーの決定

　同様にして，昇華エンタルピーを求めることもできる．実測の氷の昇華圧を図 8・10(a)に示した（図 8・8 とは縮尺が異なるので注意）．また，縦軸に自然対数 $\ln(P/P^{\ominus})$ をとり，横軸に温度の逆数 $1/T$ をとって変換したグラフを図 8・10(b)に示す．グラフの傾きから，氷の昇華エンタルピーを求めることができる（章末問題 8・10）.

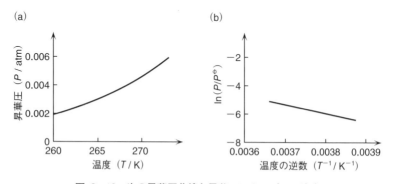

図 8・10　氷の昇華圧曲線と昇華エンタルピーの決定

章 末 問 題

8・1　1 atm で，水のギブズエネルギーを表す(8・5)式を求めよ．

8・2　1 atm で，水蒸気のギブズエネルギーを表す(8・6)式を求めよ.

8・3　1 atm で，温度 200 K の 2 mol の氷を温度 300 K の水にしたとする. ギブズエネルギーの変化量を求めよ.

8・4　1 atm で，温度 300 K の 2 mol の水を温度 400 K の水蒸気にしたとする. ギブズエネルギーの変化量を求めよ.

8・5　1 atm で，温度 260 K の氷と過冷却水のギブズエネルギーを求め，$\Delta_{fus}G$ が正の値になることを確認せよ.

8・6　過冷却水蒸気が水になるときに放出する熱エネルギーと，氷になるときに放出する熱エネルギーでは，一般的にどちらが大きいか.

8・7　図 8・5 を参考にして，図 7・5 の沸点付近の拡大図を描き，蒸発エンタルピーが温度にわずかに依存することを示せ.

8・8　図 8・6 を参考にして，三重点の温度でのギブズエネルギーの圧力変化を表す図を描け.

8・9　図 8・9 のグラフの傾きの単位を答えよ. また，傾きの大きさから水の蒸発エンタルピーを求め，表 7・1 の値と比較せよ. ただし，モル気体定数 R は 8.3145 J K^{-1} mol^{-1} とする.

8・10　図 8・10(b) のグラフの傾きの大きさから，氷の昇華エンタルピーを求め，解答 7・5 の値と比較せよ. ただし，モル気体定数 R は 8.3145 J K^{-1} mol^{-1} とする.

第 II 部

混合物の熱力学

9

気体の混合と
化学ポテンシャル

> 2種類の気体が混合すると，系全体のエントロピーやギブズエネルギーが変化する．これらを混合エントロピー，混合ギブズエネルギーという．気体が混合するときに，系全体の圧力，温度，物質量が同じでも，ギブズエネルギーは各成分のモル分率に依存する．混合ギブズエネルギーは各成分の物質量と化学ポテンシャルから求められる．

9・1 混合気体のエントロピー

前半では，純物質の四つの熱力学的エネルギー（U, H, A, G）が四つの状態変数（P, T, V, S）に関して，どのように変化するかを中心に説明した．また，化学熱力学の基本を理解するために，一つの応用例として，純物質（氷，水，水蒸気）の相変化と相平衡について説明した．ここからは，2種類以上の物質を含む混合物を扱う．気体の混合物は混合気体（9〜11章）であり，液体の混合物は溶液（12〜14章）であり，それらの熱力学的性質を理解する．まずは，2種類の気体が混合すると，エントロピーがどのように変化するか，そして，自由エネルギーがどのように変化するかを考える．

§4・1では，断熱材で囲まれた容器の中の気体の拡散という不可逆過程を考えた[*]．すべての分子が左側にそろった秩序ある非平衡状態は，無秩序で均一な平衡状態に不可逆的に自然に変化する．外界から熱エネルギーも仕事エネルギーも与えられなくても，無秩序な状態のエントロピーのほうが秩序ある状態よりも大きいからである．それでは，断熱材に囲まれた容器の左側の半分に0.5 molの気体A（○）がそろっていて，右側の半分に0.5 molの気体B（●）がそろっている秩序ある状態〔図9・1(a)〕は，どのようになるだろうか．左側と右側の数密度（物質量濃度）が同じであるにもかかわらず，時間が経つ

---

[*]　4章を復習してからこの章を読むと理解しやすい．

と，気体Aと気体Bは不可逆的に自然に混合して，平衡状態になる〔図9・1(b)〕．この場合も気体の拡散と同様に，系は外界と熱エネルギーも仕事エネルギーもやり取りしていないから，系全体の圧力も温度も体積も，内部エネルギーもエンタルピーも変わらない．しかし，気体Aと気体Bは不可逆的に自然に混合するから，系全体のエントロピーが増えたと考えられる．混合することによって増えるエントロピーの変化量のことを混合エントロピーという．

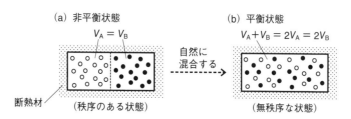

図 9・1　0.5 mol の気体 A（○）と 0.5 mol の気体 B（•）の混合（不可逆過程）

　まずは§4・2の説明と同様に，状態和（エネルギーに差がない微視的状態の総数）を使って，混合エントロピーを計算する．気体A（○）に着目すると，物質量が半分の0.5 molになっているだけで，§4・2の気体の拡散と同じである．そうすると，秩序ある非平衡状態〔図9・1(a)〕が無秩序な平衡状態〔図9・1(b)〕に変化するときの気体Aのエントロピーの変化量 ΔS_A は，(4・8)式のアボガドロ定数 N_A を $0.5 N_A$ に置き換えて，その逆数を(4・12)式に代入して，

$$\Delta S_A = k_B \ln 2^{0.5 N_A} = 0.5 k_B N_A \ln 2 = 0.5 R \ln 2 \qquad (9・1)$$

と計算できる．なお，わかりにくいかもしれないが，アボガドロ定数 N_A の添え字のAは気体Aとは無関係，ボルツマン定数 k_B の添え字のBは気体Bとは無関係である．0.5 molの気体B（•）についても，全く同様に計算できて，

$$\Delta S_B = 0.5 R \ln 2 \qquad (9・2)$$

となる．エントロピーは示量性状態量だから，系全体の混合エントロピー $\Delta_{mix} S$ は（Δ_{mix} は混合による変化を表す），

$$\Delta_{mix} S = \Delta S_A + \Delta S_B = 0.5 R \ln 2 + 0.5 R \ln 2 = R \ln 2 \qquad (9・3)$$

と計算できる．気体Aと気体Bの物質量が同じ0.5 molの場合には，$\Delta_{mix} S$ は§4・5で説明した1 molの気体の拡散に関する(4・13)式と同じ式になる．

　図9・1の2種類の気体の混合（不可逆過程）を可逆過程に置き換えて，混

合エントロピーを計算することもできる．§4・5の気体の拡散で説明したように，膨張する等温可逆過程に置き換えて計算すればよい．それぞれの気体は等温可逆過程で体積が2倍に増えるから，それぞれの気体のエントロピーの変化量 ΔS_A と ΔS_B は，表4・1の等温過程の式を利用して，

$$\Delta S_A \;=\; 0.5R\ln\!\left(\frac{2V_A}{V_A}\right) \;=\; 0.5R\ln 2 \qquad (9・4)$$

$$\Delta S_B \;=\; 0.5R\ln\!\left(\frac{2V_B}{V_B}\right) \;=\; 0.5R\ln 2 \qquad (9・5)$$

と計算できる．結局，混合エントロピー $\Delta_{\mathrm{mix}}S$ は，

$$\Delta_{\mathrm{mix}}S \;=\; \Delta S_A+\Delta S_B \;=\; 0.5R\ln 2+0.5R\ln 2 \;=\; R\ln 2 \qquad (9・6)$$

となって，(9・3)式と同じ式が得られる．

9・2　混合気体の自由エネルギー

　断熱材で囲まれた容器の中で2種類の気体が混合すると，エントロピーが変化する．そうすると，束縛エネルギー TS が変化するから，系全体の自由エネルギーも変化することになる．混合の前後で圧力も温度も体積も一定なので，混合ヘルムホルツエネルギー $\Delta_{\mathrm{mix}}A$ および混合ギブズエネルギー $\Delta_{\mathrm{mix}}G$ は，(6・8)式および(6・13)式より，

$$\Delta_{\mathrm{mix}}A \;=\; \Delta_{\mathrm{mix}}U - T\Delta_{\mathrm{mix}}S \quad \text{および} \quad \Delta_{\mathrm{mix}}G \;=\; \Delta_{\mathrm{mix}}H - T\Delta_{\mathrm{mix}}S$$

$$(9・7)$$

という関係式が成り立つ．ただし，図9・1で示した2種類の気体の混合では，外界とのエネルギーのやり取りはなく，$\Delta_{\mathrm{mix}}U = \Delta_{\mathrm{mix}}H = 0$ なので*，

$$\Delta_{\mathrm{mix}}A \;=\; \Delta_{\mathrm{mix}}G \;=\; -T\Delta_{\mathrm{mix}}S \;=\; -RT\ln 2 \qquad (9・8)$$

となる．$\ln 2$ は正の値なので，自由エネルギーの変化量（$\Delta_{\mathrm{mix}}A = \Delta_{\mathrm{mix}}G$）は負の値となる．つまり，自由エネルギーが低くなるので，気体Aと気体Bは不可逆的に自然に混合する．図6・1と同様の図を描けば，2種類の気体の混合は図9・2のようになる．図9・2(a)の縦軸が内部エネルギー（あるいはエンタルピー）を表し，図9・2(b)の縦軸が自由エネルギー（ヘルムホルツエネルギーあるいはギブズエネルギー）を表す．また，図9・2(b)の錘が束縛エネ

---

*　温度が一定の条件で，理想気体あるいは理想溶液の内部エネルギーの変化量 $\Delta_{\mathrm{mix}}U$ およびエンタルピーの変化量 $\Delta_{\mathrm{mix}}H$ は0であるが，実在気体や実在溶液では0でない．ここでは理想気体を仮定しているので $\Delta_{\mathrm{mix}}U = \Delta_{\mathrm{mix}}H = 0$ とおく．

ルギーの大きさ（$-TS$）を表し，混合した後の自由エネルギーのほうが低くなる．エントロピーを考慮した自由エネルギーを考えることによって，（樋の中の水が流れるように）自然に変化する方向がわかる．

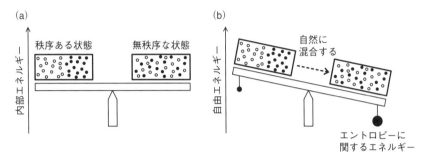

図 9・2　エントロピーを考慮した気体の混合の説明（不可逆過程）

　また，図6・3に基づいて，図9・1の気体の混合に伴う熱力学的エネルギーの変化を描けば，図9・3のようになる．系全体の圧力も体積も変わらないから，PV は混合の前後で同じ大きさになる（$\Delta_{\mathrm{mix}}PV = 0$）．また，温度も変わらないから，内部エネルギー U もエンタルピー H も，混合の前後で同じ大きさになる（$\Delta_{\mathrm{mix}}U = \Delta_{\mathrm{mix}}H = 0$）．一方，混合ヘルムホルツエネルギー $\Delta_{\mathrm{mix}}A$（$= A_{後} - A_{前}$）も混合ギブズエネルギー $\Delta_{\mathrm{mix}}G$（$= G_{後} - G_{前}$）も負の値である．また，$\Delta_{\mathrm{mix}}A$ と $\Delta_{\mathrm{mix}}G$ の大きさは $T\Delta_{\mathrm{mix}}S$ の大きさに一致する．

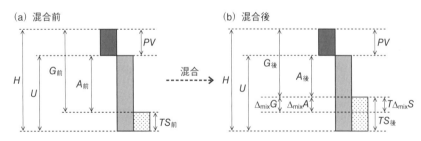

図 9・3　系全体の圧力，温度，体積が一定の条件での混合による
四つの熱力学的エネルギーの変化量（不可逆過程）

9・3　モル分率と混合エントロピー

　図9・1では，断熱材で囲まれた容器の中で，同じ圧力，同じ温度で，同じ

物質量（0.5 mol）の気体Aと気体Bが，自然に混合する不可逆過程を考えた．
系全体の物質量が同じでも，気体Aと気体Bの物質量の比が異なる場合には，
混合エントロピーが変わるので，注意が必要である．

　説明を簡単にするために，系全体の分子数を4個として，微視的状態を考え
る．分子A（○）が3個，分子B（●）が1個の場合には，数密度が均一にな
るように，混合する前に，左側の気体Aの体積は右側の気体Bの体積の3倍
とする（図9・4，断熱材を省略して描く）．そうすると，気体Aも気体Bも，
同じ圧力になる．混合した後の平衡状態では，1個の分子Bが右側にいる場合
と，左側にいる場合の2種類の微視的状態が考えられる[*]．つまり，状態和
（微視的状態の総数）はΩ＝2である（§4・2参照）．なお，ここでは，すべ
ての分子が左側にいる状態や，2個ずつの分子が左右に分かれる状態は，数密
度が均一でないので考えない．数密度が均一でなければ，平衡状態ではないか
らである．

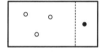 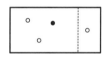

１個の●が右にいる状態　　　　　　１個の●が左にいる状態

図 9・4　3個の分子A（○）と1個の分子B（●）の微視的状態（平衡状態）

　系全体の分子数が同じ4個でも，分子Aが2個で分子Bが2個の場合には，
混合した後の平衡状態で3種類の微視的状態が考えられる（図9・5）．つまり，
状態和（微視的状態の総数）はΩ＝3である．ただし，気体Aと気体Bの数
密度が同じになるように，混合する前の左側の体積と右側の体積を同じにして
考えた．結局，系全体の分子数が同じ4個でも，分子Aと分子Bの分子数の

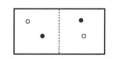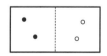

２個の●が右にいる状態　　　１個の●が左右にいる状態　　　２個の●が左にいる状態

図 9・5　2個の分子A（○）と2個の分子B（●）の微視的状態（平衡状態）

---

[*]　状態和で議論するときには，2個の分子を交換しても区別できないことを考慮する必要があ
る．しかし，エントロピーの計算では，考慮しなくても同じ結果が得られるので，ここでは2個
の分子の交換を議論しない（§4・2参照）．

比が 3：1 と 2：2 の場合では，状態和 Ω が異なる．つまり，エントロピーは
2 種類の気体の物質量の比に依存することがわかる．

　一般的に，気体 A の物質量が n_A mol で，気体 B の物質量が n_B mol の場合
の混合エントロピーを考えてみよう（図9・6）．すでに説明したように，圧力
を同じにするためには，数密度は同じでなければならない．したがって，物質
量の異なる 2 種類の気体が混合する前の体積 V_A と V_B も異なる〔図9・6(a)〕．

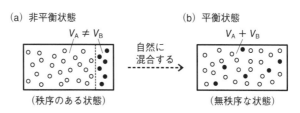

(a) 非平衡状態　　　　　　　　　　(b) 平衡状態

図 9・6　物質量が異なる 2 種類の気体の混合 （不可逆過程）

もしも，気体 A も気体 B も理想気体ならば，状態方程式 $V = nRT/P$ が成り立
つ．つまり，混合する前のそれぞれの気体の体積は，それぞれの物質量 n に
比例する （圧力，温度は一定）．そうすると，混合する前の体積については，

$$\frac{V_B}{V_A} = \frac{n_B}{n_A} \tag{9・9}$$

が成り立つ．混合した後の気体 A が存在する系全体の体積は V_A+V_B だから
〔図9・6(b)〕，(9・9)式を代入して，

$$V_A+V_B = V_A+\frac{n_B}{n_A}V_A = \frac{n_A+n_B}{n_A}V_A \tag{9・10}$$

となる．したがって，混合する前後の気体 A のエントロピーの変化量 ΔS_A は，
表4・1の等温過程の式を利用すると，

$$\Delta S_A = n_A R\ln\left(\frac{n_A+n_B}{n_A}\frac{V_A}{V_A}\right) = n_A R\ln\left(\frac{n_A+n_B}{n_A}\right) \tag{9・11}$$

となる．

　それぞれの気体の物質量を系全体の物質量で割り算した物理量を，モル分率
という．記号では x で表すことが多い．気体 A と気体 B のモル分率は，

$$x_A = \frac{n_A}{n_A+n_B} \quad および \quad x_B = \frac{n_B}{n_A+n_B} \tag{9・12}$$

と定義される．モル分率を使うと，(9・11)式で示した気体 A の混合する前後
のエントロピーの変化量 ΔS_A は次のようになる．

$$\Delta S_A = n_A R \ln x_A^{-1} = -n_A R \ln x_A \tag{9・13}$$

同様にして，気体 B の混合する前後のエントロピーの変化量 ΔS_B は，

$$\Delta S_B = -n_B R \ln x_B \tag{9・14}$$

となる．そうすると，混合エントロピー $\Delta_{\mathrm{mix}} S$ は，

$$\Delta_{\mathrm{mix}} S = \Delta S_A + \Delta S_B = -R\,(n_A \ln x_A + n_B \ln x_B) \tag{9・15}$$

と書くことができる．モル分率 x は必ず 1 よりも小さい値だから，$\ln x$ は必ず
負の値になる．したがって，混合エントロピー $\Delta_{\mathrm{mix}} S$ は必ず正の値になる．つ
まり，2 種類の気体が混合すると，物質量の比にかかわらず，必ずエントロ
ピーは増える．ただし，エントロピーの値はモル分率に依存する．

9・4 混合気体の化学ポテンシャル

(9・15)式の混合エントロピーを使うと，混合自由エネルギー（$\Delta_{\mathrm{mix}} A$ およ
び $\Delta_{\mathrm{mix}} G$）は，

$$\Delta_{\mathrm{mix}} A = \Delta_{\mathrm{mix}} G = -T \Delta_{\mathrm{mix}} S = RT\,(n_A \ln x_A + n_B \ln x_B) \tag{9・16}$$

となる．孤立系の混合自由エネルギーは，可逆過程に置き換えて，表 6・2 の
関係式を使って導くこともできる．たとえば，気体 A に着目すると，体積は
混合すると V_A から $V_A + V_B$ に増える．体積変化による気体 A のヘルムホルツ
エネルギーの変化量 ΔA_A は，温度が一定の条件で，表 6・2 の $(\partial A / \partial V)_T = -P$ を $V_A \sim V_A + V_B$ の範囲で積分して，

$$\begin{aligned}
\Delta A_A &= -\int_{V_A}^{V_A+V_B} P \, dV = -n_A RT \int_{V_A}^{V_A+V_B} \frac{1}{V} \, dV \\
&= n_A RT \{\ln V_A - \ln(V_A+V_B)\} = n_A RT \ln\!\left(\frac{V_A}{V_A+V_B}\right)
\end{aligned} \tag{9・17}$$

となる（符号に注意）．ここで，理想気体の状態方程式（$PV = nRT$）を利用
した．また，(9・10)式および (9・12)式から，次の式が成り立つ．

$$\frac{V_A}{V_A+V_B} = \frac{n_A}{n_A+n_B} = x_A \tag{9・18}$$

したがって，(9・17)式はモル分率 x_A を使って，

$$\Delta A_A = n_A RT \ln x_A \tag{9・19}$$

と表される．気体 B についても同様の式が成り立つから，混合ヘルムホルツ

エネルギー $\Delta_{\mathrm{mix}}A$ は,

$$\Delta_{\mathrm{mix}}A = n_{\mathrm{A}}RT\ln x_{\mathrm{A}} + n_{\mathrm{B}}RT\ln x_{\mathrm{B}} = RT(n_{\mathrm{A}}\ln x_{\mathrm{A}} + n_{\mathrm{B}}\ln x_{\mathrm{B}}) \tag{9・20}$$

となって, (9・16)式と一致する.

　同様にして, 混合ギブズエネルギーを求めることができる. 混合しても系全体の圧力は変わらないが, 気体 A に着目すると, 体積が V_{A} から $V_{\mathrm{A}}+V_{\mathrm{B}}$ に増すことによって, 圧力は混合する前の圧力 P から混合した後の圧力 p_{A} (これを分圧という) に減る. 温度が一定の条件で, 圧力に対する気体 A のギブズエネルギーの変化量は, 表6・2の $(\partial G/\partial P)_T = V$ を $P{\sim}p_{\mathrm{A}}$ の範囲で積分して〔(6・43)式参照〕,

$$\begin{aligned}\Delta G_{\mathrm{A}} &= \int_P^{p_{\mathrm{A}}} V\mathrm{d}P = n_{\mathrm{A}}RT\int_P^{p_{\mathrm{A}}}\frac{1}{P}\mathrm{d}P \\ &= n_{\mathrm{A}}RT(\ln p_{\mathrm{A}} - \ln P) = n_{\mathrm{A}}RT\ln\!\left(\frac{p_{\mathrm{A}}}{P}\right) = n_{\mathrm{A}}RT\ln x_{\mathrm{A}}\end{aligned} \tag{9・21}$$

となる. ここで, 理想気体の状態方程式と, 次のドルトンの分圧の法則 (全圧 P にモル分率 x を掛け算すると分圧になる) を利用した.

$$p_{\mathrm{A}} = P\frac{n_{\mathrm{A}}}{n_{\mathrm{A}}+n_{\mathrm{B}}} = Px_{\mathrm{A}} \tag{9・22}$$

気体 B についても同様の式が成り立つから, 混合ギブズエネルギー $\Delta_{\mathrm{mix}}G$ は,

$$\Delta_{\mathrm{mix}}G = n_{\mathrm{A}}RT\ln x_{\mathrm{A}} + n_{\mathrm{B}}RT\ln x_{\mathrm{B}} = RT(n_{\mathrm{A}}\ln x_{\mathrm{A}} + n_{\mathrm{B}}\ln x_{\mathrm{B}}) \tag{9・23}$$

となって, (9・16)式と一致する.

　(9・21)式の両辺を気体 A の物質量 n_{A} で割り算すると, 左辺は気体 A の混合する前後の 1 mol あたりのギブズエネルギーの変化量, つまり, 化学ポテンシャルの変化量 $\Delta\mu_{\mathrm{A}}$ を表す. そうすると, (9・21)式は次のように書ける.

$$\Delta\mu_{\mathrm{A}} = RT\ln\!\left(\frac{p_{\mathrm{A}}}{P}\right) = RT\ln x_{\mathrm{A}} \tag{9・24}$$

混合する前の気体 A は純物質だから, 化学ポテンシャルを μ_{A}^* と表し, 混合した後の気体 A は混合物だから, 化学ポテンシャルを μ_{A} と表して区別すると, $\Delta\mu_{\mathrm{A}} = \mu_{\mathrm{A}} - \mu_{\mathrm{A}}^*$ となる. そうすると, (9・24)式から,

$$\mu_{\mathrm{A}} = \mu_{\mathrm{A}}^* + RT\ln\!\left(\frac{p_{\mathrm{A}}}{P}\right) = \mu_{\mathrm{A}}^* + RT\ln x_{\mathrm{A}} \tag{9・25}$$

が得られる. 気体 B についても同様である. 一般的に, 混合物の成分 i の化学ポテンシャル μ_i は, 混合する前 (純物質) の化学ポテンシャルの μ_i^* を使って,

$$\mu_i = \mu_i^* + RT \ln\left(\frac{p_i}{P}\right) = \mu_i^* + RT \ln x_i \qquad (9・26)$$

と表される．混合物の成分 i の化学ポテンシャルは，混合エントロピーのために，混合した後の分圧 p_i，あるいは，モル分率 x_i に依存することがわかる．

圧力の基準を標準圧力 $P^\ominus$（$= 1\,\mathrm{atm}$）とすると，純物質の化学ポテンシャル μ_i^* は標準化学ポテンシャル $\mu_i^\ominus$ を使って〔(6・44)式の μ を μ^* とする〕，

$$\mu_i^* = \mu_i^\ominus + RT \ln\left(\frac{P}{P^\ominus}\right) \qquad (9・27)$$

となる．(9・27)式を(9・26)式に代入すれば，混合物の成分 i の化学ポテンシャル μ_i は，分圧 p_i，標準化学ポテンシャル $\mu_i^\ominus$，標準圧力 $P^\ominus$ を使って，次のように書くこともできる．

$$\mu_i = \mu_i^\ominus + RT \ln\left(\frac{P}{P^\ominus}\right) + RT \ln\left(\frac{p_i}{P}\right) = \mu_i^\ominus + RT \ln\left(\frac{p_i}{P^\ominus}\right) \quad (9・28)$$

(9・27)式と(9・28)式を比較するとわかるように，混合物の成分 i の化学ポテンシャルは，混合する前（純物質）の圧力 P を，混合した後（混合物）の分圧 p_i に置き換えればよい．(9・28)式は §11・3 などで使う．

9・5 多種類の気体の混合

3種類以上の気体の混合も同様にして考えればよい．たとえば，5種類の気体が別々にそろっている非平衡状態を図 9・7(a) に示す．もしも，物質量が同じならば（$n_A = n_B = n_C = n_D = n_E$），数密度が同じになるように，それぞれの体積も同じである（$V_A = V_B = V_C = V_D = V_E$）．もしも，物質量が異なるならば，数密度 ρ（$= n/V$）が同じになるような体積を考えればよい．

$$\rho = \frac{n_A}{V_A} = \frac{n_B}{V_B} = \frac{n_C}{V_C} = \frac{n_D}{V_D} = \frac{n_E}{V_E} \qquad (9・29)$$

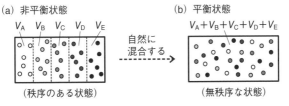

図 9・7　**5種類の気体の混合**（不可逆過程）

そうすると，混合した後〔図9・7(b)〕の数密度は，

$$\frac{n_A+n_B+n_C+n_D+n_E}{V_A+V_B+V_C+V_D+V_E} = \frac{\rho V_A+\rho V_B+\rho V_C+\rho V_D+\rho V_E}{V_A+V_B+V_C+V_D+V_E} = \rho \quad (9\cdot30)$$

となって，混合する前後で数密度，そして，系全体の圧力も変わらなくなる．

　混合しても，系全体の圧力も温度も体積も変わらないから，混合する前後で内部エネルギーもエンタルピーの変化量も変わらない（$\Delta_{mix}U = \Delta_{mix}H = 0$）．一方，混合する前後のエントロピーの変化量は，(9・15)式からの類推で，

$$\Delta_{mix}S = -R(n_A\ln x_A + n_B\ln x_B + n_C\ln x_C + n_D\ln x_D + n_E\ln x_E) \quad (9\cdot31)$$

となる．ここで，x はモル分率であり，たとえば，x_A は，

$$x_A = \frac{n_A}{n_A+n_B+n_C+n_D+n_E} \quad (9\cdot32)$$

と定義される．一般的に，混合エントロピー $\Delta_{mix}S$ は，

$$\Delta_{mix}S = -R\sum_i n_i \ln x_i \quad (9\cdot33)$$

となる．そうすると，一般的に，混合自由エネルギー（$\Delta_{mix}A$ および $\Delta_{mix}G$）は，

$$\Delta_{mix}A = \Delta_{mix}G = RT\sum_i n_i \ln x_i \quad (9\cdot34)$$

となる．混合することによって，エントロピーは増え（モル分率 $x_i < 1$，$\ln x_i < 0$），エントロピーを考慮した自由エネルギー（ヘルムホルツエネルギー，ギブズエネルギー）は低くなる．

章 末 問 題

9・1　断熱材で囲まれた容器の中で，0.8 mol の気体 A と 0.2 mol の気体 B の混合を考える．以下の問いに答えよ．モル気体定数は R のままでよい．

(1) 気体 A のエントロピーの変化量を状態和から求めよ．

(2) 気体 B のエントロピーの変化量を状態和から求め，系全体の混合エントロピーを求めよ．

(3) 気体 A のエントロピーの変化量をモル分率から求めよ．

(4) 気体 B のエントロピーの変化量をモル分率から求め，系全体の混合エントロピーを求めよ．

9・2　(9・15)式を使って，図9・1の混合エントロピーが(9・6)式と同じに

なることを示せ.

9・3　気体 B のエントロピー変化量を表す(9・14)式を，混合する前後の体積変化から導け.

9・4　気体 A と気体 B の物質量の和（$n_A + n_B$）が 1 mol とする．縦軸に混合エントロピー（単位は R とする）をとり，横軸に気体 B の物質量 n_B をとって，$0 < n_B < 1$ の範囲でグラフを描け．混合エントロピーが最大になるときのモル分率を求めよ.

9・5　n mol の純物質の理想気体の圧力を標準圧力 $P^\ominus$ から圧力 P に変化させる．ギブズエネルギーの変化量を求めよ.

9・6　同じ圧力，同じ温度で，n_A mol の気体 A，n_B mol の気体 B，n_C mol の気体 C の混合を考える．それぞれの物質量とモル気体定数 R を使って，混合エントロピーを表せ.

9・7　問題 9・6 で，(6・38)式を参考にして，それぞれの気体の化学ポテンシャルの定義式を答えよ.

10

化学反応に伴う
エネルギー変化

> 構成する元素が１種類の単体で，標準圧力，室温で最も安定な状態の物質を基準物質という．基準物質の標準モル生成エンタルピーを基準の０と定義する．また，化学反応の生成物と反応物のエンタルピーの差を反応エンタルピーという．反応エンタルピーは標準モル生成エンタルピーから計算することができ，ヘスの法則が成り立つ．

10・1　発熱反応と吸熱反応

　分子の化学結合の一部，あるいは，すべてが変化して，化学的な性質の異なる分子になる変化を化学反応という[*1]．反応する前の物質を反応物といい，反応した後の物質を生成物という．Ⅲ巻の後半では，さまざまな化学反応について，反応物や生成物の濃度が反応時間に対して，どのように変化するかを中心に詳しく説明した．化学反応が進むと反応物の物質量は次第に少なくなり，生成物の物質量は次第に多くなる．つまり，反応物と生成物の混合物となり，そのモル分率は反応時間とともに変化する．一般的に，化学反応は可逆反応だから，最終的に反応物と生成物のモル分率は，ある値に落ち着く．

　たとえば，反応物が１種類で，生成物も１種類の可逆反応 A ⇄ B を考える[*2]．化学反応が始まる前に，すべての気体が分子 A（○）だったとする〔図10・1(a)〕．反応が進むにつれて，分子 A（○）が減って，分子 B（●）が増えるので，モル分率が変化するが〔図10・1(b)〕，最終的には変わらなくなる〔図10・1(c)〕．この状態を化学平衡という．化学平衡で，どのようなモル分

[*1]　本書は化学熱力学の教科書なので，化学反応に関わるエネルギーとしては，特に熱エネルギーに着目する．赤外線や可視光線などの電磁波を放射したり吸収したりして，化学反応が進むこともある（Ⅱ巻，Ⅲ巻参照）．また，電気的エネルギーや磁気的エネルギーなど，化学反応にはさまざまなエネルギーが関与する．

[*2]　エタンの C−C 結合軸まわりの異性化（Ⅰ巻 19 章参照）や，CH₃NC ⇄ CH₃CN などの異性化（Ⅲ巻 9 章参照）をイメージすると，わかりやすい．

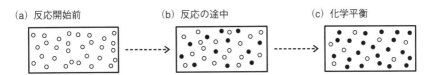

(a) 反応開始前　　　　　(b) 反応の途中　　　　　(c) 化学平衡

図 10・1　可逆反応のモル分率の時間変化

率になるかは"反応物と生成物のエネルギー差"に依存する（Ⅲ巻15章参照）。
化学平衡については次章で詳しく説明することにして，この章では逆反応を無
視できるとして，まずは，化学反応で，系のエネルギーがどのように変化する
かを考える。

　化学反応の前後で分子の種類が変われば，当然，系のエネルギーも変わる。
それぞれの分子の結合エネルギー（解離エネルギー）が変わるからである。図
10・1では，体積一定の定容過程で可逆反応の様子を示したが，反応物のエネ
ルギーも生成物のエネルギーも，標準圧力（1 atm）で調べることが多いので，
以降，反応物と生成物のエネルギーとしては，エンタルピーを考えることにす
る（定容過程ならば，内部エネルギーを考えればよい）。

　生成物の分子のエネルギーが反応物の分子よりも低ければ，化学反応によっ
て分子は安定になり，系（分子集団）のエンタルピーは低くなる。§3・2で
説明したように，このときに，反応前後の系のエンタルピーの変化量の大きさ
に等しい熱エネルギーが外界に放出される（$-\Delta H = -Q$）[*]。外界に熱エネル
ギーが放出される化学反応を発熱反応という〔図10・2(a)〕。発熱反応では系

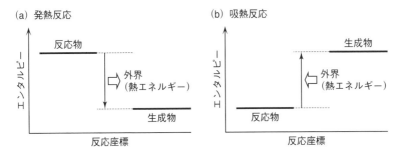

(a) 発熱反応　　　　　　　　　(b) 吸熱反応

図 10・2　系のエンタルピーの変化量と外界とやり取りする熱エネルギー

---

[*]　系が外界からもらう熱エネルギーを正と定義するので（§2・5参照），系が外界に放出する熱
エネルギーの大きさには負の符号をつける。発熱反応でも吸熱反応でも $\Delta H = Q$ となる。

のエンタルピー H は低くなる（$\Delta H < 0$）．逆に，生成物の分子のエネルギーが反応物の分子のエネルギーよりも高ければ，化学反応が起こるために，反応前後のエンタルピーの変化量に等しい熱エネルギーを外界からもらう必要がある（$\Delta H = Q$）．系が外界から熱エネルギーをもらう化学反応を吸熱反応という〔図 10・2(b)〕．吸熱反応では，系のエンタルピー H は高くなる（$\Delta H > 0$）．

10・2　標準モル生成エンタルピーと反応エンタルピー

　たとえば，標準圧力（1 atm），室温（298.15 K）で，1 mol の水素と 0.5 mol の酸素が反応して，1 mol の水が生成したとする．エンタルピーがどのくらい変化するかを調べてみよう．反応物と生成物のみに着目して，化学反応式を書けば（素反応についての説明はⅢ巻§9・1参照），

$$\text{H}_2 + (1/2)\text{O}_2 \longrightarrow \text{H}_2\text{O （水）} \tag{10・1}$$

となる．もしも，水素と酸素のそれぞれのエンタルピーがわかれば，反応物のエンタルピーの合計がわかる．そして，生成物である水のエンタルピーから，反応物のエンタルピーの合計を引き算すれば，系（着目している分子集合体，つまり，反応物と生成物）のエンタルピーの変化量を計算できる．また，系のエンタルピーの変化量に負の符号をつければ，外界が系からもらったり，系に与えたりする熱エネルギーがわかる．

　しかし，§2・2で説明したように，それぞれの物質の内部エネルギーもエンタルピーも，絶対値を決めることはできない．そこで，基準をつくって相対的な値で考えることにする*．基準となる物質（基準物質）としては単体（1種類の元素からなる純物質）を考え，標準圧力（1 atm），室温（298.15 K）でのエンタルピーを 0 と定義する．水素や酸素などの純気体，あるいは，金や銀などの純金属のエンタルピーは 0 である．複数の状態の単体（同素体）がある物質は，標準圧力，室温で，最も安定な単体のエンタルピーを 0 とする．

　基準物質以外の物質のエンタルピーをどのように決めるかというと，標準圧力で，基準物質から 1 mol の物質を生成するときのエンタルピーの変化量を考える．つまり，反応物のエンタルピーの合計は 0 である．この場合の生成物の

---

　*　山の高さを表す場合にも基準が必要である．海水面の平均値を基準にとれば，富士山は標高 3776 m であるが，太平洋の最も深い地点を基準にとれば約 14700 m になり，基準のとり方によって山の高さの値は変わる．基準物質のエンタルピーが基準の海水面の平均値に相当する．

エンタルピーを"標準モル生成エンタルピー"という．記号では $\Delta_f H^{\ominus}$ と書く〔1 mol を表す添え字の m は省略（80 ページの脚注参照）〕．Δ_f は生成物と反応物の状態量の差を表し，添え字の f は生成（formation）を表す．また，$\ominus$ の記号は標準圧力（1 atm）であることを表す．なお，標準モル生成エンタルピーの値は温度に依存するので，注意が必要である．化学反応の温度をはっきりさせるために，温度 T での標準モル生成エンタルピーを $\Delta_f H^{\ominus}(T)$ と書くこともある．ただし，室温（298.15 K）の場合には"(T)"を省略することが多い．

代表的な物質の室温での $\Delta_f H^{\ominus}$ の値を表 10・1 に示す．もちろん，基準物質（1 種類の元素からなる純物質）の $\Delta_f H^{\ominus}$ は，すべてが基準の 0 である．$\Delta_f H^{\ominus}$ が負の物質は，反応物（基準物質）のエンタルピーの合計よりも，エンタルピーが低いことを意味する．したがって，基準物質から生成する場合には発熱反応となる．たとえば，一酸化炭素 CO や二酸化炭素 CO_2 の $\Delta_f H^{\ominus}$ は負の値なので，基準物質（グラファイトと酸素）から生成する場合には発熱反応になる．逆に，$\Delta_f H^{\ominus}$ が正の場合には吸熱反応だから，反応物に外界からエネルギーを与えないと，反応は進まない．たとえば，一酸化窒素 NO や二酸化窒素 NO_2 の $\Delta_f H^{\ominus}$ は正の値なので，基準物質（窒素と酸素）から生成する場合には吸熱反応になる．

同じ H_2O でも，298.15 K の水として生成するか，298.15 K の水蒸気として生成するかによって，$\Delta_f H^{\ominus}$ の値が異なる．次節の最後で説明するように，これらの差が 298.15 K での水の蒸発エンタルピー $\Delta_{vap} H$ を表す．また，炭素の同素体であるグラファイトとダイヤモンドは，どちらも室温で安定に存在するが，より安定なグラファイトが基準物質である（87 ページの脚注 2 参照）．

表 10・1　代表的な物質の標準モル生成エンタルピー $\Delta_f H^{\ominus}$ （298.15 K）

物質	状態	$\Delta_f H^{\ominus}$ / kJ mol^{-1}	物質	状態	$\Delta_f H^{\ominus}$ / kJ mol^{-1}
He	気体	0	CO_2	気体	-393.5
Ne	気体	0	NO_2	気体	33.9
Ar	気体	0	H_2O	液体（水）	-285.8
H_2	気体	0		気体（水蒸気）	-241.8
N_2	気体	0	NH_3	気体	-46.1
O_2	気体	0	CH_4	気体	-74.8
CO	気体	-110.5	C	固体（グラファイト）	0
NO	気体	90.4		固体（ダイヤモンド）	1.9

10・3　ヘスの法則と反応エンタルピー

　(10・1)式で示した水素と酸素から液体の水ができる反応を，まずは，標準圧力，室温で考えてみよう．水素も酸素も基準物質だから，$\Delta_f H^\ominus$ は 0，つまり，反応物のエンタルピーの合計は 0 となる．一方，生成物である液体の水の $\Delta_f H^\ominus$ は $-285.8\,kJ\,mol^{-1}$ だから，(10・1)式の化学反応によるエンタルピーの変化量 $\Delta_r H^\ominus$ は，

$$H_2 + (1/2)O_2 \longrightarrow H_2O\,(水) \qquad \Delta_r H^\ominus = -285.8\,kJ \qquad (10・2)$$

となる．ここで，$\Delta_r H^\ominus$ の添え字の r は反応 (reaction) を表す．1 mol の物質が基準物質から生成する反応の場合には，$\Delta_r H^\ominus$ と $\Delta_f H^\ominus$ の大きさは同じであるが，単位が異なるので注意が必要である．$\Delta_f H^\ominus$ は 1 mol あたりとして定義されているので，単位は常に $kJ\,mol^{-1}$ (あるいは $J\,mol^{-1}$) である．一方，$\Delta_r H^\ominus$ の単位は kJ (あるいは J) になる．ただし，1 mol あたりの反応エンタルピーを考えて，$\Delta_r H^\ominus$ の単位を $kJ\,mol^{-1}$ (あるいは $J\,mol^{-1}$) で表すこともある．一般的には，$\Delta_r H^\ominus$ は物質量に依存する．もしも，2 mol の水素と 1 mol の酸素から 2 mol の水が生成する反応 $2H_2 + O_2 \rightarrow 2H_2O$ ならば，$\Delta_r H^\ominus$ は 2 $mol \times (-285.8\,kJ\,mol^{-1}) = -571.6\,kJ$ となる．

　次に，1 mol のグラファイトが酸化されて，1 mol の二酸化炭素になる化学反応を考えてみよう．物質が酸素と反応して酸化物になる反応を，特に酸化反応あるいは燃焼反応という．反応物のグラファイト C も酸素 O_2 も基準物質だから，反応物の $\Delta_f H^\ominus$ の合計は 0 である．一方，生成物である二酸化炭素 CO_2 の $\Delta_f H^\ominus$ は，表 10・1 に示したように $-393.5\,kJ\,mol^{-1}$ である．したがって，この燃焼反応の反応エンタルピー $\Delta_r H^\ominus$ は $-393.5\,kJ$ となる．化学反応式と一緒に書けば，次のようになる．

$$C + O_2 \longrightarrow CO_2 \qquad \Delta_r H^\ominus = -393.5\,kJ \qquad (10・3)$$

グラファイトの燃焼反応では，実際には一酸化炭素 CO を経由してから二酸化炭素 CO_2 になる場合もある．グラファイトが酸化されて CO になる燃焼反応も，表 10・1 の CO の $\Delta_f H^\ominus$ の値を使って，

$$C + (1/2)O_2 \longrightarrow CO \qquad \Delta_r H^\ominus = -110.5\,kJ \qquad (10・4)$$

と書ける．

　それでは，基準物質以外の物質から生成する場合の反応エンタルピーは，どのように考えたらよいだろうか．たとえば，CO が酸化されて CO_2 になる燃焼反応の場合である．反応物の CO は基準物質ではない．この場合の反応エン

タルピー $\Delta_r H^{\ominus}$ を求めるためには，数式のように(10・3)式から(10・4)式を引き算して，化学反応式の右辺の CO を左辺に移動すればよい．そうすると，

$$CO \ + \ (1/2)O_2 \longrightarrow CO_2$$
$$\Delta_r H^{\ominus} = -393.5 - (-110.5) = -283.0 \ kJ \tag{10・5}$$

となる．CO の燃焼反応の反応エンタルピーは負の値になるので，発熱反応である．このように，圧力と温度が同じ条件で化学反応を考える場合には，化学反応式と反応エンタルピーを，数式のように足し算したり，引き算したりできる．これをヘスの法則という．エンタルピーは状態量であって，反応の最初と最後の状態が決まると変化量が一義的に決まるので，反応の途中で圧力や温度が変わっても，ヘスの法則が成り立つ．

1 mol のグラファイトの燃焼反応をグラフにまとめると，図 10・3 のようになる．反応物（グラファイトと酸素）は基準物質なので，エンタルピーの合計を 0.0 とした．矢印 ⇨ は外界に放出される熱エネルギーを表す．ヘスの法則が成り立つから，C が CO を経由して CO_2 になっても，いきなり C が CO_2 になっても，反応エンタルピー（-393.5 kJ）も外界に放出される熱エネルギーの大きさ（110.5 kJ + 283.0 kJ = 393.5 kJ）も変わらない．

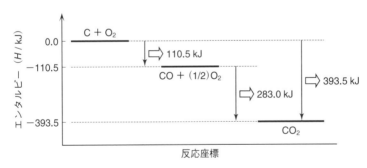

図 10・3　1 mol のグラファイトの燃焼反応でのエンタルピーの変化と外界に放出される熱エネルギー

ヘスの法則を利用すると，標準圧力（1 atm），室温（298.15 K）での水の蒸発エンタルピー $\Delta_{vap} H$ を求めることができる．表 10・1 の H_2O（水蒸気）の $\Delta_f H^{\ominus}$ の値を用いると，

$$H_2 \ + \ (1/2)O_2 \longrightarrow H_2O \ （水蒸気） \qquad \Delta_r H^{\ominus} = -241.8 \ kJ$$
$$\tag{10・6}$$

となる．(10・6)式から(10・2)式を引き算して，化学反応式の右辺の H_2O（水）を左辺に移動すると，

$$H_2O\,（水）\longrightarrow H_2O\,（水蒸気）\qquad \Delta_r H^\ominus = 44.0\ \text{kJ} \qquad (10・7)$$

が得られる．化学反応式からわかるように，(10・7)式の反応エンタルピー $\Delta_r H^\ominus\,(= 44.0\ \text{kJ})$ は標準圧力（1 atm），室温（298.15 K）での $\Delta_\text{vap}H$ を表す．一方，298.15 K の水のエンタルピーは(7・12)式から，

$$H = 75.3 \times 298.15 - 9410 + H_0 \approx 13040 + H_0 \qquad (10・8)$$

と計算できる．また，298.15 K の水蒸気のエンタルピーは(7・14)式から，

$$H = 37.1 \times 298.15 + 45500 + H_0 \approx 56560 + H_0 \qquad (10・9)$$

と計算できる．両者の差（$56560 - 13040 = 43520\ \text{J} = 43.52\ \text{kJ}$）が標準圧力，室温での $\Delta_\text{vap}H$ を表し，(10・7)式の値とほぼ一致する[*]．

10・4 室温以外での反応エンタルピー

もしも，室温（298.15 K）以外の温度で化学反応が起こると，反応エンタルピーはどうなるだろうか．表 10・1 の標準モル生成エンタルピーの値は室温での値なので，他の温度での化学反応にそのまま適用することはできない．たとえば，398.15 K の水素と酸素が反応して，398.15 K の水蒸気が生成する反応 $H_2 + (1/2)O_2 \rightarrow H_2O$（水蒸気）を考える．このときの反応エンタルピー $\Delta_r H^\ominus(398.15\ \text{K})$ を求めてみよう．

図 10・4 で示したように，298.15 K の水素と酸素（左下の枠内）から，398.15 K の水蒸気（右上の枠内）を生成するためには，二つの異なる経路が考えられる．水素と酸素の温度を 298.15 K から 398.15 K に上げてから反応させて，398.15 K の水蒸気を生成する経路（⇒）と，298.15 K で水素と酸素を反応させて，生成した 298.15 K の水蒸気の温度を 398.15 K に上げる経路（→）である．エンタルピーは状態量だから，298.15 K の反応物から 398.15 K の生成物を生成するエンタルピーの変化量は，どちらの経路でも等しい．したがって，

$$\Delta H_{H_2} + \Delta H_{O_2} + \Delta_r H^\ominus(398.15\ \text{K}) = \Delta_r H^\ominus + \Delta H_{H_2O} \qquad (10・10)$$

が成り立つ．ここで，ΔH_{H_2} と ΔH_{O_2} と ΔH_{H_2O} は，水素と酸素と水蒸気を

---

[*] (10・8)式と(10・9)式はモル定圧モル熱容量の近似式を使って計算しているので，実際のエンタルピーの値とは少しずれる．また，温度が異なるので，表 7・1 の値とも異なる．

298.15 K から 398.15 K に温度を上げるときのエンタルピーの変化量を表す．また，$\Delta_r H^{\ominus}$ は表 10·1 に示した 298.15 K での水蒸気の標準モル生成エンタルピーを表す．

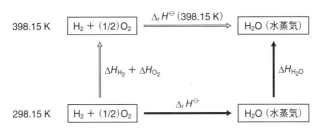

図 10·4 **398.15 K の水蒸気を生成する二つの反応経路とエンタルピー変化**

(10·10)式を整理すると，$\Delta_r H^{\ominus}$ (398.15 K) は次のように表される．

$$\Delta_r H^{\ominus}(398.15\,\text{K}) = \Delta_r H^{\ominus} + \Delta H_{\text{H}_2\text{O}} - (\Delta H_{\text{H}_2} + \Delta H_{\text{O}_2}) \quad (10\cdot11)$$

298.15 K での H$_2$O（水蒸気）の $\Delta_f H^{\ominus}$ は，表 10·1 から $-241.8\,\text{kJ mol}^{-1}$ である．一方，298.15 K での水素および酸素の $\Delta_f H^{\ominus}$ は 0 であるが，398.15 K でのエンタルピーは 0 ではない．どのようにして求めるかというと，水素と酸素の定圧モル熱容量 C_P を利用して求める．それぞれの C_P は 28.82 J K^{-1} mol^{-1} と 29.36 J K^{-1} mol^{-1} だから（表 3·1），それぞれの物質量を考慮して，

$$\Delta H_{\text{H}_2} = 1 \times 28.82 \times (398.15 - 298.15) = 2882\,\text{J} = 2.882\,\text{kJ} \quad (10\cdot12)$$

$$\Delta H_{\text{O}_2} = 0.5 \times 29.36 \times (398.15 - 298.15) = 1468\,\text{J} = 1.468\,\text{kJ} \quad (10\cdot13)$$

となる．ここで，C_P は温度に依存せずに一定の値であると仮定した（§3·3参照）．また，水蒸気の C_P も 37.1 J K^{-1} で，温度に依存しないと仮定すると，

$$\Delta H_{\text{H}_2\text{O}} = 1 \times 37.1 \times (398.15 - 298.15) = 3710\,\text{J} = 3.710\,\text{kJ} \quad (10\cdot14)$$

と計算できる．したがって，398.15 K での反応エンタルピー $\Delta_r H^{\ominus}$ (398.15 K) は，(10·11)式に値を代入して，

$$\Delta_r H^{\ominus}(398.15\,\text{K}) = -241.8 + 3.710 - (2.882 + 1.468) \approx -242.4\,\text{kJ} \quad (10\cdot15)$$

となる．(10·6)式と比べると，398.15 K で反応させたときのほうが，エンタルピーの減り方がわずかに大きいことがわかる．

10・5　反応エントロピーと標準モル生成ギブズエネルギー

　表7・2で示したように，標準モルエントロピーは物質の種類によって異なる．したがって，化学反応が起これば，物質の種類が変化するので，エンタルピーだけでなく，エントロピーも変化する．これを反応エントロピーとよび，$\Delta_r S$ で表す．標準圧力，室温での $\Delta_r S^{\ominus}$ は，反応物と生成物の標準モルエントロピー $S^{\ominus}$（表7・2）から容易に計算できる．たとえば，水素と酸素から液体の水ができる反応 $H_2 + (1/2)O_2 \rightarrow H_2O$（水）では，水素の $S^{\ominus}$ が 131 J K^{-1} mol^{-1}，酸素の $S^{\ominus}$ が 205 J K^{-1} mol^{-1}，水の $S^{\ominus}$ が 70 J K^{-1} mol^{-1} だから，物質量を考慮して，反応エントロピー $\Delta_r S^{\ominus}$ は次のように計算できる．

$$\Delta_r S^{\ominus} = 1 \times 70 - (1 \times 131 + 0.5 \times 205) = -163.5 \,\text{J K}^{-1} \quad (10 \cdot 16)$$

反応物の物質量の合計 1.5 mol が生成物の物質量 1 mol になり，系全体の物質量が減ることも，エントロピーが減る原因の一つである（微視的状態の総数が減る，9章参照）．また，液体の生成物のエントロピーのほうが，気体の反応物よりも小さいことを反映する．同様に，標準圧力，室温で，水素と酸素から水蒸気ができる反応 $H_2 + (1/2)O_2 \rightarrow H_2O$（水蒸気）では，水蒸気の $S^{\ominus}$ が 189 J K^{-1} mol^{-1} だから，物質量を考慮して，反応エントロピー $\Delta_r S^{\ominus}$ は次のようになる．

$$\Delta_r S^{\ominus} = 1 \times 189 - (1 \times 131 + 0.5 \times 205) = -44.5 \,\text{J K}^{-1} \quad (10 \cdot 17)$$

　室温以外の温度での $\Delta_r S^{\ominus}$ も，$\Delta_r H^{\ominus}$ と同様にして求められる（図10・5参照）．(10・11)式を参考にすれば，次の関係式が成り立つ．

$$\Delta_r S^{\ominus}(398.15\,\text{K}) = \Delta_r S^{\ominus} + \Delta S_{H_2O} - (\Delta S_{H_2} + \Delta S_{O_2}) \quad (10 \cdot 18)$$

定圧モル熱容量 C_P が温度に依存せずに一定の値ならば，温度を 298.15 K から 398.15 K に上げるときのエントロピーの変化量は，一般的に，

$$\Delta S = \int_{298.15}^{398.15} \frac{C_P}{T}\,dT = C_P(\ln 398.15 - \ln 298.15) = C_P \ln\left(\frac{398.15}{298.15}\right) \approx 0.289 C_P$$
$$(10 \cdot 19)$$

と書ける．すでに説明したように，水素，酸素，水蒸気の C_P は，それぞれ 28.82 J K^{-1} mol^{-1}，29.36 J K^{-1} mol^{-1}，37.1 J K^{-1} mol^{-1} であり，温度に依存しないと仮定できる．そうすると，それぞれの気体の温度を 298.15 K から 398.15 K に上げたとき，エントロピーの変化量は物質量を考慮して，

$$\Delta S_{H_2} = 1 \times 28.82 \times 0.289 \approx 8.33 \,\text{J K}^{-1} \quad (10 \cdot 20)$$

$$\Delta S_{O_2} = 0.5 \times 29.36 \times 0.289 \approx 4.24 \,\text{J K}^{-1} \quad (10 \cdot 21)$$

$$\Delta S_{H_2O} \;=\; 1\times 37.1\times 0.289 \;\approx\; 10.72\,\mathrm{J\,K^{-1}} \tag{10・22}$$

となる．また，298.15 K での H_2O（水蒸気）の反応エントロピー $\Delta_r S^{\ominus}$ は（10・17）式で示したように $-44.5\,\mathrm{J\,K^{-1}}$ である．したがって，398.15 K での反応エントロピー $\Delta_r S^{\ominus}(398.15\,\mathrm{K})$ は次のように計算できる．

$$\Delta_r S^{\ominus}(398.15\,\mathrm{K}) \;=\; -44.5+10.72-(8.33+4.24) \;\approx\; -46.4\,\mathrm{J\,K^{-1}} \tag{10・23}$$

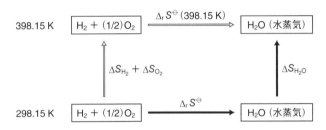

図 10・5　**398.15 K の水蒸気を生成する二つの反応経路とエントロピー変化**

エントロピーの値が化学反応で変わるということは，反応エンタルピー $\Delta_r H^{\ominus}$ の代わりに，エントロピーを考慮した反応ギブズエネルギー $\Delta_r G^{\ominus}$ を考える必要があることを意味する．たとえば，標準圧力，室温で，1 mol の水素と 0.5 mol の酸素から，1 mol の水が生成する反応の $\Delta_r H^{\ominus}$ は，（10・2）式で示したように $-285.8\,\mathrm{kJ}$ である．また，この反応の $\Delta_r S^{\ominus}$ は，（10・16）式で示したように $-163.5\,\mathrm{J\,K^{-1}}$ である．圧力と温度が一定の条件では，

$$\Delta G \;=\; \Delta H - T\Delta S \tag{10・24}$$

が成り立つから〔（6・13）式参照〕，室温（298.15 K）で水が生成する反応の $\Delta_r G^{\ominus}$ は，

$$\Delta_r G^{\ominus} \;=\; -285.8-298.15\times(-0.1635) \;\approx\; -237.1\,\mathrm{kJ} \tag{10・25}$$

となる．ここで，$\Delta_r S^{\ominus}$ の単位を J から kJ に直して計算した．

同様にして，室温（298.15 K）で水素と酸素から水蒸気が生成する反応の $\Delta_r H^{\ominus}$ は $-241.8\,\mathrm{kJ}$ であり（表 10・1），$\Delta_r S^{\ominus}$ は $-44.5\,\mathrm{J\,K^{-1}}$〔（10・17）式〕だから，$\Delta_r G^{\ominus}$ は，

$$\Delta_r G^{\ominus} \;=\; -241.8-298.15\times(-0.0445) \;\approx\; -228.5\,\mathrm{kJ} \tag{10・26}$$

となる．同様にして，398.15 K で水素と酸素から水蒸気が生成する反応の $\Delta_r G^{\ominus}(398.15\,\mathrm{K})$ も計算できる．$\Delta_r H^{\ominus}(398.15\,\mathrm{K})$ は $-242.4\,\mathrm{kJ}$ であり〔（10・

15)式〕，$\Delta_r S^{\ominus}(398.15\,\text{K})$ は $-46.4\,\text{J K}^{-1}$ だから〔(10・23)式〕，$\Delta_r G^{\ominus}(398.15\,\text{K})$ は，

$$\Delta_r G^{\ominus}(398.15\,\text{K}) = -242.4 - 398.15 \times (-0.0464) \approx -223.9\,\text{kJ}$$
$$(10 \cdot 27)$$

となる．エントロピーを考慮する $\Delta_r G^{\ominus}$ は，298.15 K でも 398.15 K でも，$\Delta_r H^{\ominus}$ よりも高くなる（表 10・2）．また，温度が高くなると，$\Delta_r G^{\ominus}$ と $\Delta_r H^{\ominus}$ の差は大きくなる．$\Delta_r S^{\ominus}$ はほとんど変わらなくても，(10・24)式の第 2 項の寄与が，第 1 項よりも大きくなるからである．

表 10・2　標準圧力での反応〔$H_2 + (1/2)O_2 \rightarrow H_2O$〕の $\Delta_r H^{\ominus}$，$\Delta_r S^{\ominus}$，$\Delta_r G^{\ominus}$ の比較

生成物	T/K	$\Delta_r H^{\ominus}/\text{kJ}$	$\Delta_r S^{\ominus}/\text{kJ K}^{-1}$	$\Delta_r G^{\ominus}/\text{kJ}$
水	298.15	-285.8	-0.1635	-237.1
水蒸気	298.15	-241.8	-0.0445	-228.5
	398.15	-242.4	-0.0464	-223.9

　エントロピーの値が化学反応で変わるということは，標準モル生成エンタルピー $\Delta_f H^{\ominus}$ の代わりに，エントロピーを考慮した"標準モル生成ギブズエネルギー"を考える必要があることを意味する．記号では $\Delta_f G^{\ominus}$ と書く（基準物質の $\Delta_f G^{\ominus}$ は基準の 0 である）．代表的な物質の $\Delta_f G^{\ominus}$ を表 10・3 に示す．$\Delta_f G^{\ominus}$ は 1 mol あたりと定義されているので単位を kJ mol^{-1} とした．たとえば，ダイヤモンドの $\Delta_f G^{\ominus}$ は，表 10・1 の標準モル生成エンタルピー $\Delta_f H^{\ominus}$（$= 1.9$

表 10・3　代表的な物質の標準モル生成ギブズエネルギー $\Delta_f G^{\ominus}$ (298.15 K)

物質	状態	$\Delta_f G^{\ominus}/\text{kJ mol}^{-1}$	物質	状態	$\Delta_f G^{\ominus}/\text{kJ mol}^{-1}$
He	気体	0	CO_2	気体	-394.4
Ne	気体	0	NO_2	気体	51.3
Ar	気体	0	H_2O	液体(水)	-237.1
H_2	気体	0		気体(水蒸気)	-228.5
N_2	気体	0	NH_3	気体	-16.6
O_2	気体	0	CH_4	気体	-50.8
CO	気体	-137.6	C	固体(グラファイト)	0
NO	気体	86.6		固体(ダイヤモンド)	2.9

kJ mol^{-1}）と，表 7・2 のグラファイトの標準モルエントロピー $S^{\ominus}$ との差（$\Delta S^{\ominus} = 2.4-5.69 = -3.29\,\mathrm{J\,K^{-1}\,mol^{-1}}$）から，次のように計算できる．

$$\Delta_\mathrm{f} G^{\ominus} = 1.9-298.15\times(-0.00329) \approx 2.9\,\mathrm{kJ\,mol^{-1}} \quad (10\cdot28)$$

ダイヤモンドは基準物質であるグラファイトに比べて結晶性が高く，微視的状態の種類が少ない．つまり，秩序がよく，エントロピーが小さい（$\Delta S^{\ominus} < 0$）．その結果，表 10・3 の $\Delta_\mathrm{f} G^{\ominus}$（$2.9\,\mathrm{kJ\,mol^{-1}}$）が表 10・1 の $\Delta_\mathrm{f} H^{\ominus}$（$1.9\,\mathrm{kJ\,mol^{-1}}$）よりも大きくなる〔(10・24)式参照〕．

章末問題

10・1　標準圧力，室温で，グラファイトとダイヤモンドはどちらが安定か．化学結合の違いから，その理由も答えよ．

10・2　表 10・1 の値を使って，標準圧力，室温で，1 mol の一酸化窒素 NO が 1 mol の二酸化窒素 NO$_2$ になる酸化反応の反応エンタルピーを求めよ．この反応は発熱反応か，吸熱反応か．

10・3　図 10・3 を参考にして，N$_2$ が酸化されて，NO を経由して NO$_2$ が生成する反応のエンタルピーの変化を図で示せ．

10・4　2 mol の水素と 1 mol のグラファイトから，メタン CH$_4$ が生成する反応を考える．標準圧力，室温で，反応エンタルピーを求めよ．この反応は発熱反応か，吸熱反応か．

10・5　問題 10・4 で，標準圧力，398.15 K での反応エンタルピーを求めよ．水素とグラファイトの定圧モル熱容量は，それぞれ 29 J K^{-1} mol^{-1} と 10 J K^{-1} mol^{-1} で，温度に依存しないとする．また，メタンの定圧モル熱容量は $20.3+0.0528T$ J K^{-1} mol^{-1} とする〔(3・22)式〕．

10・6　表 7・2 と表 10・1 の値を用いて，問題 10・4 の反応エントロピーと標準モル生成ギブズエネルギーを求め，表 10・3 の値と比較せよ．

10・7　問題 10・5 の反応エントロピーと標準モル生成ギブズエネルギーを求めよ．

10・8　胃の中のピロリ菌は尿素（NH$_2$）$_2$CO を加水分解して，アンモニアと二酸化炭素を生成する．以下の問いに答えよ．

(1) 化学反応式を答えよ．

(2) 尿素の標準モル生成エンタルピーを $-333\,\mathrm{kJ\,mol^{-1}}$ として，室温での反応エンタルピーを求めよ．発熱反応か，吸熱反応か．必要があれば，表 10・1

の値を用いよ.

(3) 尿素の標準エントロピーを $104\,\mathrm{J\,K^{-1}\,mol^{-1}}$ として,室温での反応エント
ロピーと反応ギブズエネルギーを求めよ.必要があれば,表 7・2 の値を用い
よ.

11

化学平衡と平衡定数

一般的に，化学反応は可逆反応であり，最終的に平衡状態になる．濃度を使った平衡定数を濃度平衡定数といい，分圧を使った平衡定数を圧平衡定数という．平衡定数は反応物と生成物の標準モル生成ギブズエネルギーの差から計算できる．また，平衡定数の温度依存性から，ファントホッフの式を使って，反応エンタルピーが求められる．

11・1 濃度平衡定数と圧平衡定数

まずは，体積が V の容器の中で，反応物が1種類，生成物が1種類の可逆反応 $A \rightleftarrows B$ を考える．§10・1で説明したように，反応が始まる前に反応物だけが存在しても，反応が進むにつれて，分子 A は分子 B に変化して，やがて化学平衡になる（図10・1参照）．化学平衡での物質量濃度（以降は単に濃度とよぶ）を $[A]_\infty$ と $[B]_\infty$ で表せば，

$$[A]_\infty = \frac{n_A}{V} \quad および \quad [B]_\infty = \frac{n_B}{V} \tag{11・1}$$

と定義される．ここで，n_A と n_B は化学平衡での気体 A と気体 B の物質量である．添え字の ∞ は化学平衡になるために，厳密には無限の時間がかかることを表す（Ⅲ巻12章参照）．化学平衡での濃度の比を平衡定数とよび，Ⅲ巻§12・2では K_{eq} で表した．ここでは濃度（concentration）の比であることをはっきりさせるために，K_c と書くことにする．これを濃度平衡定数という．濃度平衡定数 K_c は，正反応と逆反応の反応速度定数の比で表すこともできるが〔Ⅲ巻(12・15)式〕，次のように物質量の比で表すこともできる．

$$K_c = \frac{[B]_\infty}{[A]_\infty} = \frac{n_B/V}{n_A/V} = \frac{n_B}{n_A} \tag{11・2}$$

化学反応の前後で体積が一定（定容過程）の場合には，濃度の比が反応物と生成物の物質量の比を反映する．圧力が一定（定圧過程）の場合には，体積が化学反応の前後で変わることもあるので，濃度ではなく，分圧 p（partial pressure) で平衡定数を表す．分圧を使えば，系全体の体積が化学反応の前後で変わっても，平衡定数は同じ値を示すからである．(9・22)式で示したように，気体の分圧 p は全圧 P にそれぞれのモル分率 x を掛け算した値のことである．そうすると，気体 A と気体 B のそれぞれの分圧 p は，

$$p_A = Px_A = P\frac{n_A}{n_A+n_B} \quad \text{および} \quad p_B = Px_B = P\frac{n_B}{n_A+n_B} \quad (11\cdot3)$$

と表される．分圧を使った平衡定数を圧平衡定数とよび，K_p と書く．気体 A と気体 B の化学平衡の圧平衡定数 K_p は，

$$K_p = \frac{p_B}{p_A} = \frac{Px_B}{Px_A} = \frac{x_B}{x_A} = \frac{n_B/(n_A+n_B)}{n_A/(n_A+n_B)} = \frac{n_B}{n_A} \quad (11\cdot4)$$

となり，K_c と K_p は一致する．しかし，これは1個の分子 A から1個の分子 B ができる可逆反応 A ⇄ B だからである．つまり，化学反応の前後で，系全体の物質量は変わらず，圧力が一定の条件でも，体積も変わらないからである．もしも，1個の分子 A から2個の分子 B ができる可逆反応 A ⇄ 2B のように*，反応物と生成物の化学量論係数が反応によって異なる場合には，K_c と K_p は一致しない．

たとえば，可逆反応 A ⇄ 2B の K_c は次のように定義される．

$$K_c = \frac{[B]_\infty^2}{[A]_\infty} = \frac{(n_B/V)^2}{n_A/V} = \frac{n_B^2}{n_A V} \quad (11\cdot5)$$

一方，K_p はそれぞれの分圧を使って，

$$K_p = \frac{p_B^2}{p_A} \quad (11\cdot6)$$

と定義される．気体 A と気体 B が理想気体であると仮定するならば，状態方程式 $P = (n/V)RT$ が成り立つから，気体 A と気体 B の分圧は，

$$p_A = \frac{n_A}{V}RT \quad \text{および} \quad p_B = \frac{n_B}{V}RT \quad (11\cdot7)$$

と表される．そうすると，(11・6)式の圧平衡定数 K_p は，

$$K_p = \frac{(n_B/V)^2(RT)^2}{(n_A/V)RT} = \frac{n_B^2}{n_A V}RT = K_c RT \quad (11\cdot8)$$

となって，K_c と K_p は一致しない．

---

* たとえば，$N_2O_2 \rightleftarrows 2NO$ や $N_2O_4 \rightleftarrows 2NO_2$ などの解離反応がある（III巻§9・4参照）.

一般的な可逆反応 $aA+bB+cC\cdots \rightleftarrows pP+qQ+rR\cdots$ では，K_c は，

$$K_c = \frac{[P]_\infty{}^p [Q]_\infty{}^q [R]_\infty{}^r \cdots}{[A]_\infty{}^a [B]_\infty{}^b [C]_\infty{}^c \cdots} \tag{11・9}$$

と表される．これを質量作用の法則あるいは化学平衡の法則という．また，K_c を K_p で表すと，

$$K_c = K_p (RT)^{-\Delta\nu} \tag{11・10}$$

の関係式が成り立つ〔(11・8)式と(11・10)式では，K_c と K_p の位置が逆なので注意〕．ここで，$\Delta\nu$ は生成系（$\rightleftarrows$ の右側）の化学量論係数の総和から，反応系（$\rightleftarrows$ の左側）の化学量論係数の総和を引き算した値であり，次のように定義した．

$$\Delta\nu = (p+q+\cdots) - (a+b+\cdots) \tag{11・11}$$

可逆反応 $A \rightleftarrows B$ ならば $\Delta\nu = 0$，可逆反応 $A \rightleftarrows 2B$ ならば $\Delta\nu = 1$ である．

11・2 化学平衡の化学ポテンシャル

可逆反応 $A \rightleftarrows B$ を模式的に描くと図 11・1 のようになる．反応物のすべてが分子 A になっている状態を図 11・1(a) に，生成物のすべてが分子 B になっている状態を図 11・1(c) に描いた．気体 A を反応物，気体 B を生成物としたが，可逆反応ではどちらを反応物と考えてもよい[1]．左と右のいずれの状態から始まっても，可逆反応 $A \rightleftarrows B$ が進むと，同じ化学平衡の状態になる〔図 11・1(b)〕．化学反応の前後で，それぞれの物質の化学ポテンシャル（1 mol あたりのギブズエネルギー）が，どのようになるかを調べてみよう．

図 11・1(a)の反応物 A および図 11・1(c)の生成物 B は純物質なので，それぞれの化学ポテンシャルを μ_A^* と μ_B^* とする（$*$ が純物質を表す）．反応物 A と

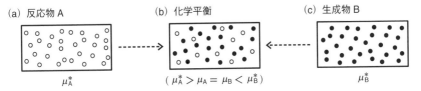

(a) 反応物 A　　　　　(b) 化学平衡　　　　　(c) 生成物 B

μ_A^*　　　　　$(\mu_A^* > \mu_A = \mu_B < \mu_B^*)$　　　　　μ_B^*

図 11・1　可逆反応 $A \rightleftarrows B$ と化学ポテンシャル

---

[1]　エネルギーの高い分子を反応物，エネルギーの低い分子を生成物とすることが多い．平衡数の値はどちらを反応物と考えるかによって変わる（章末問題 11・3）．

生成物 B は分子の種類が異なるので, μ_A^* と μ_B^* は同じ値ではない. 図 11・1 で
は $\mu_A^* > \mu_B^*$ と仮定した. したがって, 化学平衡〔図 11・1(b)〕では, 安定な
気体 B の物質量 n_B のほうが気体 A の物質量 n_A よりも大きいので, 分子 B
(●) の数を分子 A (○) よりも多く描いた.

　化学平衡〔図 11・1(b)〕で, 気体 A と気体 B の化学ポテンシャルを μ_A と
μ_B とする. 化学平衡では気体 A と気体 B が共存する混合物なので (純物質で
はないので), 化学ポテンシャルに ＊ の記号をつけない. それぞれの化学ポテ
ンシャルは, (9・26)式で示したように,

$$\mu_A = \mu_A^* + RT\ln x_A \quad \text{および} \quad \mu_B = \mu_B^* + RT\ln x_B \quad (11 \cdot 12)$$

の関係がある. モル分率 x は 1 よりも小さい値なので, $\ln x$ は負の値である.
モル気体定数 R も温度 T も正だから, $\mu_A < \mu_A^*$ および $\mu_B < \mu_B^*$ となる. 8 章の
相平衡では, それぞれの相の化学ポテンシャルは等しいと説明した〔(8・11)
式と(8・12)式参照〕. 化学平衡でも化学ポテンシャル μ_A と μ_B が等しい. ギ
ブズエネルギーの変化量を使って, その理由を以下に説明する (体積が一定の
条件では, ギブズエネルギーをヘルムホルツエネルギーで置き換えればよい).

　ギブズエネルギー G は示量性状態量なので, 圧力と温度が一定の化学平衡
では,

$$G = n_A\mu_A + n_B\mu_B \quad (11 \cdot 13)$$

と表される〔(8・9)式参照〕. また, それぞれの成分の物質量の微小変化に対
して, ギブズエネルギーの微小変化は,

$$dG = \mu_A dn_A + \mu_B dn_B \quad (11 \cdot 14)$$

となる〔(8・10)式参照〕. 微小変化に対して物質量 $n_A + n_B$ は一定なので,

$$dn_B = -dn_A \quad (11 \cdot 15)$$

が成り立つ. 可逆反応 A ⇄ B で 1 個の分子 A が減ると, 1 個の分子 B が増え
るという意味である. したがって, (11・14)式は,

$$dG = (\mu_A - \mu_B)dn_A \quad (11 \cdot 16)$$

となる. §8・2 の相平衡でも説明したが, 平衡状態はギブズエネルギーの変
化がなくなった状態, つまり, 物質量の変化に対するギブズエネルギーの変化
がなくなった状態 ($dG/dn_A = 0$) である. そうすると, (11・16)式より,

$$\mu_A = \mu_B \quad (11 \cdot 17)$$

が成り立つ. つまり, 可逆反応 A ⇄ B の化学平衡〔図 11・1(b)〕では, 分子
A と分子 B の種類が異なっていても, それぞれの化学ポテンシャルは等しく

なる.

　純物質の化学ポテンシャル μ_A^* と μ_B^* が異なるにもかかわらず，化学平衡で μ_A と μ_B が等しくなる理由は，反応物と生成物のモル分率 x_A と x_B が異なるからである.（11・17）式に（11・12）式を代入すると，

$$\mu_A^* + RT \ln x_A = \mu_B^* + RT \ln x_B \qquad (11 \cdot 18)$$

が得られる. これを整理すると，

$$\mu_B^* - \mu_A^* = RT \ln x_A - RT \ln x_B = RT \ln\left(\frac{x_A}{x_B}\right) = RT \ln\left(\frac{n_A}{n_B}\right) \quad (11 \cdot 19)$$

となる. つまり，化学平衡では，分子の種類が異なることによる μ_A^* と μ_B^* の差を，モル分率 x_A と x_B の違い，あるいは，物質量 n_A と n_B の違いで相殺する. なお，図 11・1 の化学平衡の場合には $\mu_A^* > \mu_B^*$ を仮定したので，（11・19）式の左辺は負の値である. したがって，右辺も負になる必要があり，化学平衡〔図 11・1(b)〕では，$n_A < n_B$ となることを確認できる.

11・3　平衡定数と標準モル生成ギブズエネルギー

　前節では，生成物と反応物の化学ポテンシャルが化学平衡で等しいことを説明した. この節では，まず，平衡定数と化学ポテンシャルの関係を調べる. 気体 A と気体 B が理想気体だとすると，（9・28）式で示したように，化学ポテンシャル μ は，標準化学ポテンシャル $\mu^\ominus$ と分圧 p と標準圧力 $P^\ominus$ を使って表すこともできる. そうすると，可逆反応 $A \rightleftharpoons B$ の化学平衡では，（11・18）式の代わりに，

$$\mu_A^\ominus + RT \ln\left(\frac{p_A}{P^\ominus}\right) = \mu_B^\ominus + RT \ln\left(\frac{p_B}{P^\ominus}\right) \qquad (11 \cdot 20)$$

となる. これを整理すると，

$$-(\mu_B^\ominus - \mu_A^\ominus) = RT \ln\left(\frac{p_B}{P^\ominus}\right) - RT \ln\left(\frac{p_A}{P^\ominus}\right) = RT \ln\left(\frac{p_B}{p_A}\right) \quad (11 \cdot 21)$$

が得られる. 右辺の対数は標準圧力 $P^\ominus$ が相殺されて消え，生成物と反応物の分圧の比になっている.（11・4）式からわかるように，p_B/p_A は圧平衡定数 K_p のことである. そこで，両辺を RT で割り算してから指数関数に直すと，

$$K_p = \frac{p_B}{p_A} = \exp\left(-\frac{\mu_B^\ominus - \mu_A^\ominus}{RT}\right) \qquad (11 \cdot 22)$$

となり，圧平衡定数 K_p を標準化学ポテンシャル $\mu^\ominus$ で表すことができる.

$\mu^{\ominus}$ は純物質の標準圧力でのモルギブズエネルギー（1 mol あたりのギブズエネルギー）のことだから（§6・5参照），表10・3で示した標準モル生成ギブズエネルギー $\Delta_f G^{\ominus}$ のことである．つまり，$\mu^{\ominus}$ の差は生成物と反応物の $\Delta_f G^{\ominus}$ の差に等しい．そこで，

$$\mu_B^{\ominus} - \mu_A^{\ominus} \ = \ \Delta_f G_B^{\ominus} - \Delta_f G_A^{\ominus} \ = \ \Delta_r G^{\ominus} \tag{11・23}$$

と定義すると[*1]，(11・22)式の圧平衡定数 K_p は，

$$K_p \ = \ \exp\left(-\frac{\Delta_r G^{\ominus}}{RT}\right) \tag{11・24}$$

と表すことができる．左辺の分圧の比を分子数の比に置き換えれば，右辺はボルツマン分布則の(6・14)式と同じである[*2]．

可逆反応 A ⇄ 2B のように，反応によって化学量論係数が変化する場合には，物質量が微小変化しても，$n_A + (1/2) n_B$ は一定だから，

$$(1/2)dn_B \ = \ -dn_A \tag{11・25}$$

が成り立つ．1個の分子Aが2個の分子Bになるという意味である．そうすると，(11・16)式のギブズエネルギーの微小変化 dG は，

$$dG \ = \ (\mu_A - 2\mu_B)dn_A \tag{11・26}$$

となる．ここで，化学平衡では $dG/dn_A = 0$ だから，(11・17)式の代わりに，

$$\mu_A \ = \ 2\mu_B \tag{11・27}$$

が成り立つ．もしも，気体Aと気体Bが理想気体だとすると，(11・20)式の代わりに，

$$\mu_A^{\ominus} + RT \ln\left(\frac{p_A}{P^{\ominus}}\right) \ = \ 2\left\{\mu_B^{\ominus} + RT \ln\left(\frac{p_B}{P^{\ominus}}\right)\right\} \tag{11・28}$$

が成り立つ．可逆反応 A ⇄ B の(11・20)式との違いは，右辺に化学量論係数の2が掛け算してあることである．

また，(11・21)式の代わりに，

$$-(2\mu_B^{\ominus} - \mu_A^{\ominus}) \ = \ 2RT \ln\left(\frac{p_B}{P^{\ominus}}\right) - RT \ln\left(\frac{p_A}{P^{\ominus}}\right) \ = \ RT \ln\left(\frac{p_B{}^2}{p_A P^{\ominus}}\right) \tag{11・29}$$

[*1] 厳密には $\Delta_f G_B^{\ominus} - \Delta_f G_A^{\ominus} = \Delta(\Delta_f G^{\ominus})$ と書く必要があるが，煩わしいので，$\Delta_r G^{\ominus}$ と書く．

[*2] ボルツマン分布則では，安定な状態の分子数を分母にする．図11・1では $\mu_A^* > \mu_B^*$ と仮定したので，生成物Bの分子数が分母になる．つまり，(11・24)式の両辺の逆数をとる必要がある．右辺の指数関数の負の符号が消えそうだが，本文とは逆に，エネルギー差を $\mu_A^{\ominus} - \mu_B^{\ominus} = -\Delta_r G^{\ominus}$ で定義するので，やはり，ボルツマン分布則の式と同じになる（III巻15章参照）．

となる. したがって, (11・22)式の代わりに,

$$\frac{K_p}{P^\ominus} = \frac{p_B{}^2}{p_A P^\ominus} = \exp\left(-\frac{2\mu_B^\ominus - \mu_A^\ominus}{RT}\right) \tag{11・30}$$

が得られる. 可逆反応 $A \rightleftarrows B$ の(11・22)式と異なり, K_p が標準圧力 $P^\ominus$ で割り算されている. そこで, 新たに標準圧平衡定数 $K_p^\ominus$ を次のように定義する.

$$K_p^\ominus = \frac{K_p}{P^\ominus} = \frac{(p_B/P^\ominus)^2}{p_A/P^\ominus} = \frac{x_B{}^2}{x_A} \tag{11・31}$$

$K_p^\ominus$ は分圧 p の代わりに, 標準圧力で割り算した $p/P^\ominus$ (無次元) あるいはモル分率 (無次元) を使って定義した平衡定数であり, $K_p^\ominus$ の単位は無次元である.

一般的な可逆反応 $aA + bB + cC \cdots \rightleftarrows pP + qQ + rR\cdots$ の標準圧平衡定数 $K_p^\ominus$ と圧平衡定数 K_p の関係は, (11・31)式の類推で, (11・11)式の $\Delta\nu$ を使って,

$$K_p^\ominus = K_p(P^\ominus)^{-\Delta\nu} \tag{11・32}$$

となる. $K_p^\ominus$ を反応物と生成物の標準化学ポテンシャル (標準モル生成ギブズエネルギー) の変化量 $\Delta_r G^\ominus$ で表せば, 化学量論係数の変化に関係なく,

$$K_p^\ominus = \exp\left(-\frac{\Delta_r G^\ominus}{RT}\right) \tag{11・33}$$

と書ける. ただし,

$$\Delta_r G^\ominus = (p\,\Delta_f G_P^\ominus + q\,\Delta_f G_Q^\ominus + r\,\Delta_f G_R^\ominus + \cdots) - (a\,\Delta_f G_A^\ominus + b\,\Delta_f G_B^\ominus + c\,\Delta_f G_C^\ominus + \cdots) \tag{11・34}$$

と定義した. 可逆反応 $A \rightleftarrows 2B$ の場合には,

$$\Delta_r G^\ominus = 2\Delta_f G_B^\ominus - \Delta_f G_A^\ominus \tag{11・35}$$

である. また, 可逆反応 $A \rightleftarrows B$ の場合には $\Delta\nu = 0$ となり, (11・32)式は $K_p^\ominus = K_p$ となる.

反応物と生成物の $\Delta_f G^\ominus$ の差から, $K_p^\ominus$ を計算してみよう. たとえば, 標準圧力 (1 atm), 室温 (298.15 K) で, 水素と窒素からアンモニアが生成して化学平衡になったとする.

$$(3/2)H_2 + (1/2)N_2 \rightleftharpoons NH_3 \tag{11・36}$$

$K_p^\ominus$ を求めるために, まず, $\Delta_r G^\ominus$ を表10・3の $\Delta_f G^\ominus$ から計算すると,

$$\begin{aligned}\Delta_r G^\ominus &= \Delta_f G_{NH_3}^\ominus - \{(3/2)\Delta_f G_{H_2}^\ominus + (1/2)\Delta_f G_{N_2}^\ominus\}\\ &= -16.6 - \{(3/2)\times 0 + (1/2)\times 0\} = -16.6\,\text{kJ mol}^{-1}\end{aligned} \tag{11・37}$$

となる. これを (11・33)式に代入すれば, $K_p^\ominus$ は,

$$K_p^\ominus = \exp\left(\frac{16600}{8.3145 \times 298.15}\right) \approx 8.094 \times 10^2 \tag{11・38}$$

と計算できる。また，(11・32)式に $K_p^\ominus = 8.094 \times 10^2$，$P^\ominus = 1\,\mathrm{atm}$，$\Delta\nu = 1 - 3/2 - 1/2 = -1$ を代入すれば，K_p は次のように求められる。

$$K_p = K_p^\ominus (1\,\mathrm{atm})^{-1} = 8.094 \times 10^2\,\mathrm{atm}^{-1} \tag{11・39}$$

$K_p^\ominus$ と K_p の数値は変わらないが，単位が異なるので注意が必要である。また，K_c は(11・10)式を使って，K_p から次のように求めることができる。

$$K_c = K_p (RT)^{-\Delta\nu} = 8.094 \times 10^2 \times 0.08206 \times 298.15$$
$$\approx 1.98 \times 10^4\,\mathrm{dm^3\,mol^{-1}} \tag{11・40}$$

ここで，標準圧力の単位が atm で表されているので，モル気体定数 $R = 0.08206\,\mathrm{dm^3\,atm\,K^{-1}\,mol^{-1}}$ を使って計算した（表1・1参照）。濃度の単位は $\mathrm{mol\,dm^{-3}}$ だから，$K_c\,(= [NH_3]/[H_2]^{3/2}[N_2]^{1/2})$ の単位は濃度の単位の逆数 $(\mathrm{mol^{-1}\,dm^3})$ になる。

標準圧力 (1 atm)，室温 (298.15 K) の化学平衡で，アンモニア，水素，窒素がどのくらい存在するか，つまり，それぞれの気体のモル分率を求めてみよう。アンモニアのモル分率を x_{NH_3} とすると，水素のモル分率 x_{H_2} と窒素のモル分率 x_{N_2} は，

$$x_{H_2} = (3/4)(1 - x_{NH_3}) \quad および \quad x_{N_2} = (1/4)(1 - x_{NH_3}) \tag{11・41}$$

となる。アンモニア以外のモル分率は $(1 - x_{NH_3})$ であり，その 3/4 が水素のモル分率になり，その 1/4 が窒素のモル分率になるという意味である。そうすると，標準圧平衡定数 $K_p^\ominus$ は(11・31)式からの類推で，

$$K_p^\ominus = \frac{x_{NH_3}}{\{(3/4)(1 - x_{NH_3})\}^{3/2}\{(1/4)(1 - x_{NH_3})\}^{1/2}}$$
$$= \frac{16}{3^{3/2}} \frac{x_{NH_3}}{(1 - x_{NH_3})^2} \tag{11・42}$$

と表される。(11・38)式で示したように $K_p^\ominus$ は 8.094×10^2 だから，これを(11・42)式に代入して方程式を解くと，$x_{NH_3} = 0.94$ が得られる（章末問題 11・6）。つまり，標準圧力 (1 atm)，室温 (298.15 K) の化学平衡では，94% が生成物のアンモニアになっている。また，$x_{NH_3} = 0.94$ を (11・41)式に代入すれば，x_{H_2} と x_{N_2} は，

$$x_{H_2} = (3/4) \times (1 - 0.94) = 0.045$$
$$x_{N_2} = (1/4) \times (1 - 0.94) = 0.015 \tag{11・43}$$

となる. 水素が4.5%で, 窒素が1.5%である.

11・4 平衡定数の温度依存性

Ⅲ巻12章では, 反応速度定数がアレニウスの式に従って, 温度に依存することを説明した. そうすると, 反応速度定数の比で表される平衡定数も, 温度に依存することになる. 異なる温度で平衡定数を測定すると, 反応の前後のエンタルピーの変化量を求めることができる. 以下に詳しく説明する.

(11・24)式の両辺の自然対数をとって整理すると, 次の関係式が得られる.

$$\frac{\Delta_r G^{\ominus}}{T} = -R \ln K_p \tag{11・44}$$

圧力が一定の条件で, 両辺を温度 T で偏微分すると,

$$\left(\frac{\partial (\Delta_r G^{\ominus}/T)}{\partial T}\right)_P = -R\left(\frac{\partial \ln K_p}{\partial T}\right)_P \tag{11・45}$$

となる. ここで, (6・10)式より, ギブズエネルギーは $G = H - TS$ で定義され, また, (6・30)式より, $(\partial G/\partial T)_P = -S$ だから,

$$\left(\frac{\partial (G/T)}{\partial T}\right)_P = -\frac{G}{T^2} + \frac{1}{T}\left(\frac{\partial G}{\partial T}\right)_P = -\frac{H - TS}{T^2} - \frac{S}{T}$$
$$= -\frac{H}{T^2} \tag{11・46}$$

が成り立つ. これをギブズ-ヘルムホルツの式という. そうすると, (11・45)式の左辺は,

$$\left(\frac{\partial (\Delta_r G^{\ominus}/T)}{\partial T}\right)_P = -\frac{\Delta_r H^{\ominus}}{T^2} \tag{11・47}$$

となる. 結局, (11・45)式から次の式が得られる.

$$\left(\frac{\partial \ln K_p}{\partial T}\right)_P = \frac{\Delta_r H^{\ominus}}{RT^2} \tag{11・48}$$

これをファントホッフの反応定圧式という. また, 体積が一定の条件では, 左辺の標準圧平衡定数 K_p の代わりに濃度平衡定数 K_c を代入して, 右辺の $\Delta_r H^{\ominus}$ の代わりに $\Delta_r U^{\ominus}$ を代入すればよい.

$$\left(\frac{\partial \ln K_c}{\partial T}\right)_V = \frac{\Delta_r U^{\ominus}}{RT^2} \tag{11・49}$$

これをファントホッフの反応定容式という.

(11・48)式の両辺を積分すると, 圧平衡定数 K_p と反応エンタルピーの関係式を求めることができる. もしも, $\Delta_r H^{\ominus}$ の温度依存性が小さいならば[*], $\Delta_r H^{\ominus}$ を定数とみなすことができ, 結果は次のようになる.

$$\ln K_p = -\frac{\Delta_r H^{\ominus}}{RT} + c \ (\text{積分定数}) \tag{11・50}$$

積分定数 c を $\ln(P^{\ominus})^{\Delta\nu}$ と考えれば, $K_p^{\ominus} = K_p (P^{\ominus})^{-\Delta\nu}$ だから〔(11・32)式参照〕,

$$\ln K_p^{\ominus} = -\frac{\Delta_r H^{\ominus}}{RT} \tag{11・51}$$

となり, 左辺は無次元の物理量の自然対数となる.

具体的に, (11・36)式の可逆反応 $(3/2)H_2 + (1/2)N_2 \rightleftarrows NH_3$ で, 平衡定数が温度にどのくらい依存するかを調べてみよう. 縦軸に $\ln K_p^{\ominus}$ をとり, 横軸に温度の逆数 $1/T$ をとってグラフを描くと, 図 11・2 のようになる. 厳密には反応エンタルピーは温度に依存するが, ほぼ直線で近似できる. (11・51)式からわかるように, グラフの傾きが $(-\Delta_r H^{\ominus}/R)$ を表す. したがって, 傾きに $(-R)$ を掛け算すれば, 水素と窒素からアンモニアを生成するときの反応エンタルピー $\Delta_r H^{\ominus}$ を求めることができる (章末問題 11・9).

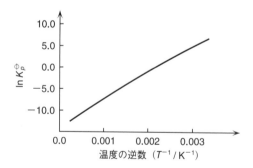

図 11・2　$(3/2)H_2 + (1/2)N_2 \rightleftarrows NH_3$ の標準圧平衡定数の温度依存性

---

[*]　たとえば, 水素と酸素から 1 mol の水蒸気が生成する反応では, 298.15 K での反応エンタルピーは -241.8 kJ mol^{-1} である. 398.15 K での反応エンタルピーは -242.4 kJ mol^{-1} であり, ほとんど変わらない (表 10・2 参照).

11·5 ルシャトリエの原理

2種類の温度 T_1 と T_2 で平衡定数を求め，(11·51)式を使って引き算すると，

$$\ln(K_p^{\ominus})_{T_2} - \ln(K_p^{\ominus})_{T_1} = -\frac{\Delta_r H^{\ominus}}{R}\left(\frac{1}{T_2} - \frac{1}{T_1}\right) = \frac{\Delta_r H^{\ominus}}{R}\frac{T_2 - T_1}{T_2 T_1}$$

$$(11·52)$$

となる．温度 T_1 よりも T_2 のほうが高いとすると，$T_2 - T_1 > 0$ である．また，§10·1で説明したように，発熱反応では，標準圧力で反応系のエンタルピーのほうが生成系よりも大きく，反応エンタルピーは $\Delta_r H^{\ominus} < 0$ である．そうすると，発熱反応では(11·52)式の右辺は負の値となり，左辺は $\ln(K_p^{\ominus})_{T_2} < \ln(K_p^{\ominus})_{T_1}$ となり，反応温度が高いと $K_p^{\ominus}$ が小さくなる．したがって，化学平衡では生成系の物質量が減少して，反応系の物質量が増える．その様子を図11·3に示す．発熱反応なので生成物のほうが反応物よりも安定であり，低温 T_1 の平衡状態では，生成物（●）の数を反応物（○）よりも多く描いた〔図11·3(a)〕．そして，高温 T_2 の平衡状態では $K_p^{\ominus}$ が小さくなるので，生成物（●）の数を減らし，反応物（○）の数を増やした〔図11·3(b)〕．つまり，発熱反応では，反応温度が高くなると，放出される熱エネルギーが少なくなるように平衡状態が変化する．これをルシャトリエの原理という．ルシャトリエの原理は，温度だけでなく，圧力や濃度でも成り立ち，"ある平衡状態で，ある状態量や濃度を変化させると，その変化の影響を少なくするように，化学平衡が変化する"という一般的な経験則である（§14·4参照）．

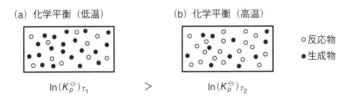

(a) 化学平衡（低温）　　　(b) 化学平衡（高温）

○ 反応物
● 生成物

$\ln(K_p^{\ominus})_{T_1}$　　　$>$　　　$\ln(K_p^{\ominus})_{T_2}$

図 11·3　異なる反応温度での標準圧平衡定数の変化（発熱反応，$\Delta_r H^{\ominus} < 0$）

逆に，反応系のエンタルピーのほうが生成系よりも低ければ吸熱反応であり，$\Delta_r H^{\ominus} > 0$ である．温度が高いと $T_2 - T_1 > 0$ であり，吸熱反応では(11·52)式の右辺は正の値となる．そうすると，左辺は $\ln(K_p^{\ominus})_{T_2} > \ln(K_p^{\ominus})_{T_1}$ になり，$K_p^{\ominus}$ が大きくなる．つまり，正反応が進んで，反応系の物質量が減少し，生成系の物質量が増える．その様子を図11·4に示す．吸熱反応なので反応物

のほうが生成物よりも安定であり，低温 T_1 の平衡状態では，反応物（○）の数を生成物（●）よりも多く描いた〔図 11・4(a)〕．そして，高温 T_2 の平衡状態では，ルシャトリエの原理にしたがって，外界からもらう熱エネルギーを増やすように吸熱反応が進むので，生成物（●）の数を増やし，反応物（○）の数を減らして描いた〔図 11・4(b)〕．

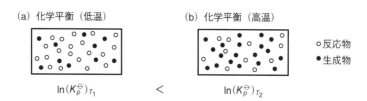

図 11・4　異なる反応温度での標準圧平衡定数の変化（吸熱反応，$\Delta_r H^{\ominus} > 0$）

章末問題

11・1　可逆反応 $2H_2 + O_2 \rightleftarrows 2H_2O$ の平衡定数 K_c と K_p を式で表せ．化学平衡でのそれぞれの物質量を n_{H_2}，n_{O_2}，n_{H_2O}，体積を V，温度を T，モル気体定数を R とする．また，K_c と K_p の関係式を求めよ．

11・2　圧力 P，モル気体定数 R，温度 T の単位を使って，$P/RT = n/V$ の左辺が濃度の単位になることを示せ．

11・3　反応物を A とする可逆反応 $A \rightleftarrows B$ の濃度平衡定数と，反応物を B とする可逆反応 $B \rightleftarrows A$ の濃度平衡定数を比較せよ．

11・4　表 10・3 の値を使って，標準圧力（1 atm），室温（298.15 K）での可逆反応 $2H_2 + O_2 \rightleftarrows 2H_2O$（水）の平衡定数 $K_p^{\ominus}$ と K_p の値を求めよ．単位に注意すること．モル気体定数を $R = 8.3145\,J\,K^{-1}\,mol^{-1}$ とする．

11・5　表 10・3 の値を使って，標準圧力，室温での可逆反応 $2NO + O_2 \rightleftarrows 2NO_2$ の平衡定数 K_p と K_c の値を求めよ．ただし，モル気体定数を $R = 8.3145\,J\,K^{-1}\,mol^{-1} = 0.08206\,dm^3\,atm\,K^{-1}\,mol^{-1}$ とする．

11・6　(11・42)式で，$K_p^{\ominus} = 8.094 \times 10^2$ の値から $x_{NH_3} = 0.94$ を求めよ．

11・7　可逆反応 $2H_2 + O_2 \rightleftarrows 2H_2O$（水）の標準圧平衡定数 $K_p^{\ominus}$ をモル分率 x_{H_2O} で表した式を求めよ．

11・8　表 10・3 の値を使って，可逆反応 H_2O（水）$\rightleftarrows H_2O$（水蒸気）の室温での圧平衡定数 K_p を求めよ．モル気体定数 $R = 8.3145\,J\,K^{-1}\,mol^{-1}$ とする．

11・9　表 10・3 の値を使って，可逆反応 H_2O（水蒸気）$\rightleftarrows H_2O$（水）の室温での圧平衡定数を求め，前問の解答と比較せよ．

11・10　図 11・2 で，温度が 333 K のときと 500 K ときの $\ln K_p^{\ominus}$ の値をグラフから読みとれ．それらの値からグラフの傾きを求めよ．モル気体定数 $R = 8.3145\,J\,K^{-1}\,mol^{-1}$ として，アンモニアの生成エンタルピーを求めよ．また，表 10・1 の値と比較せよ．

12

液体の混合と
混合物の相変化

2種類の液体を混合すると溶液になる。溶液では分子間相互作用が
純粋な液体とは異なるために、体積や蒸気圧などの状態量がモル分率
に依存する。各成分の1 molあたりの状態量を部分モル量という。ま
た、液相と気相でモル分率は異なる。そのため、圧力-組成図や温度-
組成図の相図では、気相線と液相線の二つを考える必要がある。

12・1 部分モル量

9章では、気体Aと気体Bを混合するときに、混合する物質量の比によっ
て、状態量がどのように変化するかを説明した。この章では、液体Aと液体
Bを混合することを考える。気体の混合と比べて、液体の混合はかなり複雑に
なる。その理由は、気体の混合の場合には分子が自由に運動するので、分子間
相互作用のない理想気体として近似できたが、液体では分子のそばにたくさん
の別の分子がいるので、分子間相互作用も考慮する必要があるからである。

たとえば、液体Aと液体Bを混合する前後の系全体の体積について考えて
みよう。混合する前の液体は純物質であり、1種類の物質からできている。し
たがって、体積などの示量性状態量については、系全体の1 molあたりの状態
量であるモル体積 V_m だけを考えればよかった（Ⅲ巻§1・2参照）。混合物に
なると、系全体の1 molあたりの状態量のほかに、それぞれの物質の1 molあ
たりの状態量を考える必要があり、これを一般的に部分モル量とよぶ。液体A
と液体Bの部分モル体積を $V_{m(A)}$ および $V_{m(B)}$ で表すと、混合した後の系全体
の液体の体積 V は、

$$V = n_A V_{m(A)} + n_B V_{m(B)} \tag{12・1}$$

となる。ここで、n_A および n_B は液体Aと液体Bの物質量である。両辺を系
全体の物質量 n（$= n_A + n_B$）で割り算すると、

$$V_m = x_A V_{m(A)} + x_B V_{m(B)} \tag{12・2}$$

となる．ここで，x_A および x_B は液体 A と液体 B のモル分率である．ただし，部分モル体積は，モル分率が変わると値が変わるので，注意が必要である[*]．

たとえば，圧力が 1 atm，温度が 293.15 K（20 ℃）で，エタノールと水の混合物を考える．それぞれの部分モル体積が，モル分率にどのように依存するかを図 12・1 に示す．モル分率が 1.0 の右端の値は，純物質のモル体積に相当する．エタノールは約 0.058 dm^3 mol^{-1} であり，水は約 0.018 dm^3 mol^{-1} である．モル分率が小さくなると（グラフを右端から左に進むと），新たに生じるエタノールと水の分子間相互作用のために，エタノールも水も，部分モル体積は純物質よりも小さな値になる（モル分率が 0.0 の左端は測定できないので外挿値）．モル分率が 0.5 のエタノールと水の混合物の場合，エタノールの部分モル体積は約 0.0572 dm^3 mol^{-1}，水の部分モル体積は約 0.0169 dm^3 mol^{-1} である．そうすると，モル分率が 0.5 のエタノールと水の混合物のモル体積 V_m は，0.038（$= 0.5\times0.058+0.5\times0.018$）dm^3 ではなく，

$$V_m \ = \ 0.5\times0.0572+0.5\times0.0169 \approx 0.037 \ \text{dm}^3 \qquad (12・3)$$

となる〔(12・2)式参照〕．

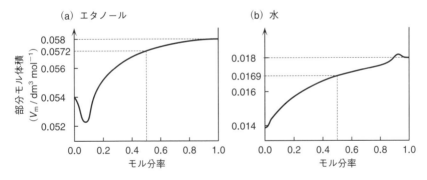

図 12・1　エタノールと水の混合物の部分モル体積とモル分率依存性
（1 atm，293.15 K）

12・2　混合物の蒸気圧

液体の混合が気体の混合よりも，問題がさらに複雑なのは，物質が混合する前から気体と液体の相平衡になっている場合である〔図 12・2(a)〕．この場合

---

[*]　1 dm^3 の水と 1 dm^3 のエタノールを混ぜても，2 dm^3 にはならない（章末問題 12・1 および 12・2 参照）．

には，気体の混合と液体の混合を一緒に考える必要がある．物質（気体と液体）を混合した後の気体を蒸気とよび，相平衡になっている液体を溶液とよぶことにする〔図 12・2(b)〕．系全体の蒸気圧は，ある温度では一定の値となる．ただし，溶液中の分子間相互作用は物質の種類によって異なるので，蒸発のしやすさが物質の種類によって異なる．その結果，蒸気を構成するそれぞれの物質のモル分率は，溶液を構成するそれぞれの物質のモル分率とは異なる．そこで，添え字が複雑になって煩わしいが，蒸気（気相）でのモル分率を $x_{気(A)}$ と $x_{気(B)}$ と書き，溶液（液相）でのモル分率を $x_{液(A)}$ と $x_{液(B)}$ と書いて区別することにする．

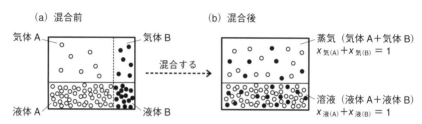

図 12・2　2種類の物質（気体と液体）の混合とモル分率

　混合物になって新たな分子間相互作用が生じても，それぞれの物質の蒸発のしやすさが変わらなければ，蒸気圧は溶液中の物質量に比例する．たとえば，物質Aの蒸気圧を p_A，溶液中のモル分率を $x_{液(A)}$ とすると，次のように書ける．

$$p_A = P_A^* x_{液(A)} \qquad (12・4)$$

ここで，P_A^* は物質Aが純物質のときの蒸気圧である．純物質だから圧力を大文字 P で表し，記号 $*$ を添えた．(12・4)式をラウールの法則といい，ラウールの法則が成り立つ溶液を理想溶液[*1] という．また，理想溶液ならば，物質Bの蒸気圧 p_B は P_B^* に比例し，また，モル分率については $x_{液(B)} = 1 - x_{液(A)}$ が成り立つので，

$$p_B = P_B^* x_{液(B)} = P_B^*(1 - x_{液(A)}) = P_B^* - P_B^* x_{液(A)} \qquad (12・5)$$

となる．そうすると，混合物の蒸気圧 P（純物質ではないので，$*$ を添えない）は，次のようになる．

$$P = p_A + p_B = P_A^* x_{液(A)} + P_B^* - P_B^* x_{液(A)} = P_B^* + (P_A^* - P_B^*) x_{液(A)}$$
$$(12・6)$$

---

*1　モル分率のすべての領域で理想溶液となる溶液を，特に完全溶液という．

　理想溶液について，縦軸に蒸気圧をとり，横軸に物質Aの液相のモル分率$x_{液(A)}$をとって，(12・4)式～(12・6)式のグラフを描くと，図12・3のようになる．細い破線がそれぞれの物質の蒸気圧（分圧p_Aと分圧p_B）で，太い破線が混合物の蒸気圧（全圧P）である．図12・3のグラフは横軸に物質Bの液相のモル分率$x_{液(B)}$をとって描くこともでき，その場合にはグラフの左右が反転する．$x_{液(A)}$が0.0の左端では物質Aが存在しないので，全圧は純物質Bの蒸気圧P_B^*を表す（純物質なので＊を添える）．また，$x_{液(A)}$が1.0の右端では物質Bが存在しないので，全圧は純物質Aの蒸気圧P_A^*を表す．

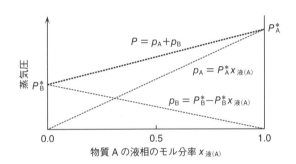

図 12・3　物質Aと物質Bの混合物の蒸気圧とモル分率依存性
（理想溶液）

　しかし，実際の溶液（実在溶液）は理想溶液ではないので，図12・3のような振舞いをしない．たとえば，298.15 K（25℃）で，エタノールと水の混合物（実在溶液）の蒸気圧を理想溶液（破線）と比較すると，図12・4のようにな

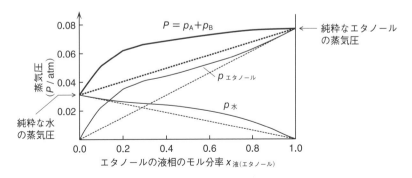

図 12・4　エタノールと水の混合物の蒸気圧（298.15 K）

る．実際の混合物の蒸気圧である全圧 P（太い実線）と分圧 $p_{エタノール}$ と $p_水$（細い実線）は，理想溶液の蒸気圧からは大きくずれる．その理由は，以下に説明するように，混合物になると，溶液中の分子間相互作用が純物質の場合と異なるからである．

　エタノールの液相のモル分率 $x_{液(エタノール)}$ が小さい左端付近の領域の混合物（たとえば，$0.0 < x_{液(エタノール)} < 0.1$）で，溶液中の分子間相互作用を分子レベルで模式的に描くと，図 12・5 のようになる．まず，ある水分子（●）に着目すると〔図 12・5(a)〕，周辺にはたくさんの水分子（●）があり，水素結合（●…●）によってクラスターを形成する（§7・2 参照）．したがって，エタノール分子との相互作用（●…○）はほとんど無視でき，水の蒸発のしやすさは純物質の水〔図 12・5(b)〕とほとんど変わらない．そうすると，$x_{液(エタノール)}$ が小さい領域の混合物では，図 12・4 の $p_水$ は破線と一致し，理想溶液として扱うことができる．

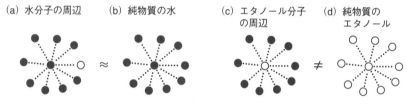

(a) 水分子の周辺　　(b) 純物質の水　　(c) エタノール分子　　(d) 純物質の
　　　　　　　　　　　　　　　　　　　　　の周辺　　　　　　　エタノール

図 12・5　水分子（●）とエタノール分子（○）の相互作用
$(0.0 < x_{液(エタノール)} < 0.1)$

　一方，あるエタノール分子（○）に着目すると〔図 12・5(c)〕，周辺にある多くの水分子（●）と相互作用する．エタノール分子にはエチル基という疎水基があるから，周辺に水分子がたくさんあると，水分子から逃げようとして，エタノール分子は気相に移る．つまり，$x_{液(エタノール)}$ が小さい領域の混合物のエタノールは，純物質のエタノール〔図 12・5(d)〕よりも蒸発しやすくなる．その結果，図 12・4 の $x_{液(エタノール)}$ が小さい領域では，$p_{エタノール}$ は破線から大きくずれる．

　逆に，$x_{液(エタノール)}$ が大きい右端付近の領域の混合物の場合（たとえば，$0.9 < x_{液(エタノール)} < 1.0$）も，同様に考えることができる．$x_{液(エタノール)}$ が大きい領域では，$p_{エタノール}$ は破線と一致し，$p_水$ は破線から大きくずれる（章末問題 12・5）．

12·3　混合物の相図（圧力-組成図）

　図 7·2 には，純物質である氷，水，水蒸気の 2 次元に投影した相図を示した．縦軸に圧力をとり，横軸に温度をとり，どのような圧力と温度で，どのような相になるかを示した．また，相平衡となる圧力と温度の条件を融解圧曲線，蒸気圧曲線，昇華圧曲線で示した．このような相図を圧力-温度図という．一方，混合物では，温度の代わりにモル分率を変数にとることもある．同じ圧力と温度でも，モル分率を変えると相が変わるからである．そこで，縦軸に圧力をとり，横軸にモル分率をとって，2 次元に投影した相図を考えることにする．このような相図を圧力-組成図という．たとえば，温度が一定（343.15 K）の条件で，酢酸と水の混合物の蒸気圧曲線（気体と液体が相平衡になる条件）を図 12·6 に示す*．

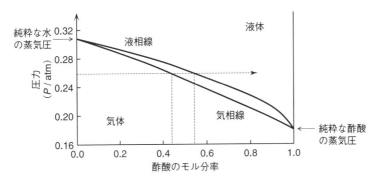

図 12·6　酢酸と水の混合物の圧力-組成図と定圧過程（343.15 K）

　酢酸のモル分率が 0.0 の左端では，酢酸がないということだから，343.15 K で相平衡になっている純粋な水の蒸気圧（約 0.31 atm）を示す（図 8·8 の蒸気圧曲線で，$T = 343.15$ K のときの値）．酢酸のモル分率が 1.0 の右端では，水がないということだから，343.15 K における酢酸の蒸気圧（約 0.18 atm）を表す．同じ 343.15 K でも，酢酸のモル分率が大きくなると（グラフを左端から右に進むと），気体と液体が相平衡になる圧力は，純粋の水の蒸気圧（約 0.31 atm）から純粋な酢酸の蒸気圧（約 0.18 atm）に変化することがわかる．

　図 12·6 にはグラフが二つ描いてあるが，下に描かれたグラフは気相の酢酸

---

* 　酢酸水溶液の酢酸は弱電解質であるが，モル分率が 0.005 以上ではほとんど解離しないので非電解質として扱える（§14·3 参照）．

のモル分率 $x_{気(酢酸)}$ に対する蒸気圧曲線を表す．これを気相線という．気相線よりも下の領域が気体である．気相線は気体が凝縮して液体になり始める圧力とモル分率の関係を示すので，凝縮曲線ともいう．図 12・6 で，上に描かれたグラフは液相の酢酸のモル分率 $x_{液(酢酸)}$ に対する蒸気圧曲線を表す．これを液相線という．液相線よりも上の領域が液体である．液相線は液体が沸騰して気体になり始める圧力とモル分率の関係を示すので，沸騰曲線ともいう．気相線のグラフの横軸は気相での酢酸のモル分率 $x_{気(酢酸)}$ を表し，液相線のグラフの横軸は液相での酢酸のモル分率 $x_{液(酢酸)}$ を表す．混合物では気相のモル分率 $x_{気}$ と液相のモル分率 $x_{液}$ が異なるために，このような二つのグラフになる．

　たとえば，圧力が 0.26 atm で水平線（矢印）を引いてみる．酢酸のモル分率が約 0.42（気相線との交点）よりも小さいと，混合物はすべて気体である．また，酢酸のモル分率が 0.53（液相線との交点）よりも大きいと，混合物はすべて液体である．それではモル分率が 0.42〜0.53（気相線と液相線の間）でどうなるかというと，一部が気体で一部が液体の相平衡になる．純物質と異なり，混合物では同じ圧力と温度でも，相平衡になるモル分率の値に幅がある．逆にいうと，相平衡では，気相と液相のモル分率を少し変えても，同じ圧力と温度になる．

　今度は圧力を変化させたときに，液相と気相のモル分率がどのように変化するかを調べてみよう．まずは，図 12・6 の酢酸のモル分率が 0.0（グラフの左端）で，圧力を上げてみる（縦軸を上に向かう）．これは，図 7・2 の純物質（氷，水，水蒸気）の相図で，$T = 343.15$ K での垂直線に沿って，圧力を上げることに相当する．圧力が約 0.31 atm 以下では，すべてが水蒸気であるが，圧力が約 0.31 atm で，水蒸気と水が相平衡になる．そして，圧力が約 0.31 atm 以上では，すべての水蒸気が水となる．

　一方，混合物の圧力を変化させたときには，気相線と液相線が異なるために，気相と液相のモル分率が複雑に変化する．たとえば，モル分率が 0.5 の酢酸と水の混合物で，圧力が 0.2 atm の状態を考える（図 12・7 の A 点）．この状態は気相線よりも圧力が低いので，すべての酢酸も水も気体になっている．この混合物の圧力を少しずつ上げていくと（矢印に沿って上に向かうと），気相線と交わる B 点の圧力（約 0.25 atm）で液化が始まり，気相でも液相でも酢酸と水が共存する．B 点で水平線を引くと，液相のモル分率がわかる．水平線は液相線と C 点で交わり，液相の酢酸のモル分率は約 0.62 である．また，

液相の水のモル分率は約 0.38（＝ 1−0.62）である．酢酸のほうが水よりも液化しやすい（気化しにくい）という意味である．さらに，B 点から圧力を上げると（矢印に沿って上に進むと），気体と液体の相平衡の状態が続き，やがて液相線との交点 E の圧力で，すべての酢酸と水が液体となる．液相のモル分率はもとの気相のモル分率と同じ 0.5 である．ただし，相平衡（B 点と E 点の間の圧力）では，気相の酢酸のモル分率は気相線に沿って B 点から D 点に変化し（0.5 → 0.4），液相の酢酸のモル分率は液相線に沿って C 点から E 点に変化する（0.62 → 0.5）．

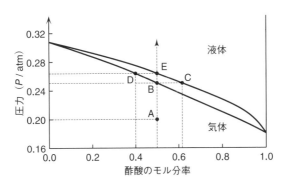

図 12・7　酢酸と水の混合物の圧力-組成図と圧力変化（343.15 K）

12・4　混合物の相図（温度-組成図）

今度は圧力が一定（1 atm）の条件で，温度を変えたときに，気相および液相のモル分率がどのように変わるかを調べてみよう．縦軸に温度をとり，横軸にモル分率をとったグラフを図 12・8 に示す．このような相図を温度-組成図といい，やはり，気相線と液相線の二つがある．気相線よりも上の領域では気体，液相線よりも下の領域では液体である．酢酸のモル分率が 0.0（グラフの左端）の値は，水の沸点である 373.15 K（100 ℃）を表す．また，酢酸のモル分率が 1.0（グラフの右端）の値は，純粋な酢酸の沸点である約 391 K（118 ℃）を表す．

図 12・8 の酢酸のモル分率が 0.0（グラフの左端）で，温度を上げる（縦軸を上に向かう）ということは，図 7・2 の純物質（氷，水，水蒸気）の相図で，$P = 1$ atm での水平線 ① に沿って，沸点（373.15 K）付近で温度を上げる（右

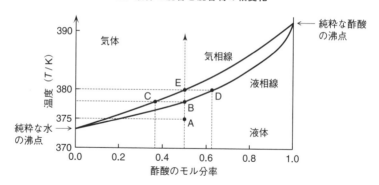

図 12・8　酢酸と水の混合物の温度‐組成図と温度変化 (1 atm)

に進む) ことに相当する. 沸点以下の温度では, すべてが水であるが, 沸点で
水蒸気と水が共存し, 沸点以上の温度では, すべてが水蒸気となる.

　前節と同様に, たとえば, 酢酸のモル分率が 0.5 の状態を考える. 375 K の
A 点は液相線よりも下なので, すべての酢酸と水は液体である. 水の沸点は 1
atm で 373.15 K なのに, どうして, 水が水蒸気にならずに液体の水のままな
のかというと, 純物質に比べて混合物の沸点は上昇するからである (沸点上昇
については, 次章で詳しく説明する). A 点の液体の混合物を加熱して, 温度
を上げると (矢印に沿って上に進むと), 約 378 K の B 点で液相線と交わるか
ら, B 点で気化が始まる. どのくらいのモル分率で気化するかというと, B 点
で水平線を引くとわかる. 水平線と気相線の交点 C でのモル分率は約 0.38 で
あり, これが気相での酢酸のモル分率を表す. 気相での水蒸気のモル分率は
0.62 (＝1−0.38) である. 水のほうが酢酸よりも気化しやすいことを表す.
さらに温度を上げると, 液相のモル分率は液相線の B 点から D 点に沿って
(0.5 → 0.62), 酢酸のモル分率が大きくなる. また, 気相のモル分率は気相線
の C 点から E 点に沿って (0.38 → 0.5), 酢酸のモル分率が大きくなる. そし
て, E 点で気化が終わり, すべての酢酸と水が気体になる. 気相のモル分率は
もとの液相のモル分率と同じ 0.5 である.

12・5　分別蒸留と共沸混合物

　温度‐組成図で説明した気相と液相のモル分率の変化を利用すると, 液体の
混合物から, 一方の物質を純粋に取出すことができる. たとえば, モル分率が

0.5 molの酢酸と水の混合物（A点）を加熱すると（矢印に沿って上に進むと），液相線と交差するB点の温度で気化が始まる（図12・9）．B点で水平線を引き，気相線との交点Cを求めると，気相の酢酸のモル分率が約0.38であることがわかる．つまり，水のほうが酢酸よりも気化しやすいので，気相では酢酸のモル分率が小さくなる．気体と液体が共存する温度（B点およびC点の温度）で，蒸気を別の容器に集めて冷やすと（矢印に沿って下に進むと），酢酸のモル分率が約0.38の溶液ができる．この溶液をもう一度加熱すると（矢印に沿って上に進むと），液相線と交差するD点の温度で気化が始まる．D点の温度での蒸気の酢酸のモル分率は，D点で水平線を引いて，気相線との交点Eを求めればわかる．気相の酢酸のモル分率はさらに小さくなって約0.26である．この蒸気を別の容器に集めて冷やすと（矢印に沿って下に進むと），酢酸のモル分率は約0.26の溶液が得られる．この操作を続けていくと，最終的に酢酸のモル分率が0.0になり，純粋な水が得られる．このように，気化させた溶液の蒸気を溶液から分離し，再び冷却して溶液にして，溶液中の成分を分別する方法を分別蒸留（あるいは分留）という．分別蒸留は気相線と液相線が離れていれば離れているほど，効果的に行うことができる．1回の加熱と冷却で，モル分率（横軸）を大きく変えることができるという意味である．

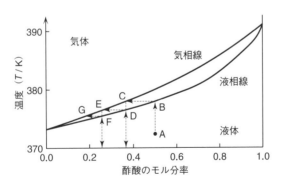

図 12・9　分別蒸留の原理（1 atm）

§12・2で説明したように，溶液の蒸気圧は分子間相互作用に大きく依存する．したがって，気相線と液相線は，混合物の種類によって，さまざまなグラフになる．たとえば，ベンゼンとエタノールの混合物の温度-組成図を図12・10に示す．横軸にはエタノールのモル分率をとった．モル分率が0.0から大き

くなる（左端から右に進む）につれて，気相線の温度も液相線の温度もしだいに低くなり，モル分率が 0.45 付近で，気相線と液相線は一致する．さらに，モル分率が大きくなる（右に進む）と，気相線の温度も液相線の温度も上がる．ベンゼンのモル分率で考えても同様である．グラフの右端はベンゼンのモル分率が 0.0 であることを表す．ベンゼンのモル分率が 0.0 から大きくなると（右端から左に進むと），気相線の温度も液相線の温度も低くなり，ベンゼンのモル分率が 0.55（＝ 1−0.45）で，気相線と液相線が一致する．さらに，ベンゼンのモル分率が大きくなると（エタノールのモル分率が小さくなると），気相線も液相線も温度が高くなる．

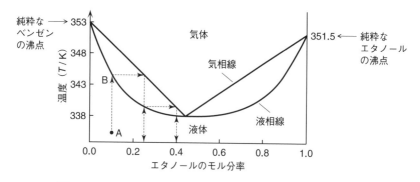

図 12・10　ベンゼンとエタノールの混合物の温度-組成図（1 atm）

　もしも，エタノールのモル分率が 0.10 の混合物（A 点）を加熱すると，液相線と交差する B 点の温度で気化が始まる．B 点で水平線を引くと，気相線は右下がりなので，気相のエタノールのモル分率は大きくなって，約 0.25 である．この蒸気を冷やして溶液にして，再び加熱するという分別蒸留を繰返すと，エタノールのモル分率はしだいに大きくなり，やがて，気相線と液相線が一致する 0.45 に到達する．しかし，これ以上，モル分率を変えることは不可能である（章末問題 12・10 参照）．なぜならば，溶液と蒸気のモル分率が同じだからである．分別蒸留を繰返しても，モル分率を変えることができない溶液を共沸混合物という．一緒に沸騰するという意味である．

章末問題

12・1　エタノール 1 dm³ と水 1 dm³ を混合したとする．それぞれのモル分率

を求めよ．それぞれの密度を $0.785\,\mathrm{g\,cm^{-3}}$ と $1.000\,\mathrm{g\,cm^{-3}}$ とする．また，H 原子，C 原子，O 原子のモル質量をそれぞれ $1\,\mathrm{g\,mol^{-1}}$，$12\,\mathrm{g\,mol^{-1}}$，$16\,\mathrm{g\,mol^{-1}}$ とする．

12・2　問題 12・1 で，それぞれの部分モル体積を図 12・1 から読みとり，系全体の体積を計算せよ．

12・3　純物質の蒸気圧 P_A^* と溶液の蒸気圧 P を使って，$x_{気(\mathrm{A})}$ と $x_{液(\mathrm{A})}$ の関係式を求めよ．ドルトンの分圧の法則とラウールの法則が成り立つとする．

12・4　純物質 A の蒸気圧が $0.0275\,\mathrm{atm}$，純物質 B の蒸気圧が $0.0595\,\mathrm{atm}$ とする．物質 A のモル分率 $x_{液(\mathrm{A})}$ が 0.25 の理想溶液の蒸気圧 P およびモル分率 $x_{気(\mathrm{A})}$ と $x_{気(\mathrm{B})}$ を求めよ．問題 12・3 の解答を利用する．

12・5　図 12・5 を参考にして，エタノールのモル分率が大きい領域の混合物の分子間相互作用を分子レベルで描け．

12・6　図 12・6 のグラフで，圧力が $0.28\,\mathrm{atm}$ のとき，液化と気化が始まる酢酸のモル分率を求めよ．

12・7　図 12・7 で，酢酸のモル分率が 0.2 の混合物の気体の圧力を上げたとする．液化が始まるときの液相のモル分率を求めよ．

12・8　図 12・8 で，酢酸のモル分率が 0.5 の混合物の気体の温度を下げたとする．液化が始まるときの液相のモル分率を求めよ．

12・9　図 12・9 で，酢酸のモル分率が $0.8\,\mathrm{mol}$ の混合物を分留する様子を描け．最終的に酢酸のモル分率はどうなるか．

12・10　図 12・10 で，エタノールのモル分率が $0.8\,\mathrm{mol}$ の混合物を分留する様子を描け．最終的にエタノールのモル分率はどうなるか．

13

希薄溶液の束一的性質

> 2種類の液体を混合すると溶液ができる．どちらかの液体のモル分率が0に近い溶液を希薄溶液という．希薄溶液の沸点，凝固点，浸透圧は，純粋な液体の値とは異なる．ただし，その差は溶質の種類に依存せずに，溶質の物質量で決められる．このような性質を束一的性質という．この章では束一的性質を化学ポテンシャルで理解する．

13・1　希薄溶液の化学ポテンシャル

　2種類の液体を混合したときに，それぞれの物質量（あるいはモル分率）に，あまり差がない溶液を濃厚溶液という．これに対して，どちらかの液体の物質量がほとんど0に近い溶液を希薄溶液という．希薄溶液で，モル分率が0に近い液体を溶質[*1]といい，モル分率が1に近い液体を溶媒という．溶媒の種類が同じ希薄溶液では，溶質の種類によらずに，溶質の濃度（あるいはモル分率）のみに依存する性質がある．これを束一的性質という[*2]．この章では，希薄溶液の束一的性質を化学ポテンシャルで理解する．

　まずは，希薄溶液で，<u>溶媒の化学ポテンシャル</u>を調べる（図 13・1）．混合

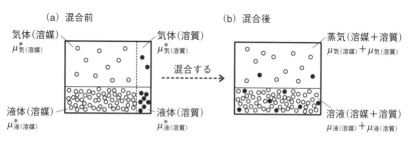

図 13・1　2種類の物質（気体と液体）の混合と化学ポテンシャル

---

*1　少量の固体も溶ければ溶質になる．この章では非電解質を扱い，次章では電解質を扱う．
*2　束一的性質は希薄溶液に限らない．たとえば，III巻 §1・3で説明したように，1 mol の理想気体の体積は種類によらずに，標準圧力（1 atm），0℃（273.15 K）で約 22.4 dm^3 である．

する前には気体も液体も純物質だから，化学ポテンシャルを$\mu^*_{気(溶媒)}$および$\mu^*_{液(溶媒)}$と書く（＊は純物質を表す）．また，混合する前の相平衡では，

$$\mu^*_{気(溶媒)} = \mu^*_{液(溶媒)} \tag{13・1}$$

が成り立つ（§8・3参照）．一方，混合した後〔図13・1(b)〕の化学ポテンシャル$\mu_{気(溶媒)}$および$\mu_{液(溶媒)}$（＊を添えない）は，混合する前の純物質の化学ポテンシャル$\mu^*_{気(溶媒)}$および$\mu^*_{液(溶媒)}$とは異なる．なぜならば，混合物の化学ポテンシャルはモル分率に依存するからである（§9・4参照）．ただし，混合した後の相平衡でも，

$$\mu_{気(溶媒)} = \mu_{液(溶媒)} \tag{13・2}$$

は成り立つ．

混合した後の溶媒の気相の化学ポテンシャル$\mu_{気(溶媒)}$は，(9・26)式を使って，

$$\mu_{気(溶媒)} = \mu^*_{気(溶媒)} + RT\ln\left(\frac{p_{溶媒}}{P}\right) \tag{13・3}$$

と書ける．ここで，Pは混合した後の蒸気の全圧，$p_{溶媒}$は混合した後の溶媒の分圧である．あるいは，気相のモル分率$x_{気(溶媒)}$を用いれば，

$$\mu_{気(溶媒)} = \mu^*_{気(溶媒)} + RT\ln x_{気(溶媒)} \tag{13・4}$$

と表すこともできる．同様に，混合した後の溶媒の液相の化学ポテンシャル$\mu_{液(溶媒)}$は，液相のモル分率$x_{液(溶媒)}$を用いて，

$$\mu_{液(溶媒)} = \mu^*_{液(溶媒)} + RT\ln x_{液(溶媒)} \tag{13・5}$$

と表される．(13・5)式が成り立つ希薄溶液を理想希薄溶液という[*1].

13・2 ラウールの法則とヘンリーの法則

§12・2では，エタノールと水の混合物のそれぞれの蒸気圧（分圧），および系全体の蒸気圧（全圧）を調べた（図12・4）．ここではエタノールの蒸気圧に着目して，もう一度，詳しく調べてみよう（図13・2）．横軸はエタノールの液相のモル分率を表す．グラフの右端に近い領域では，エタノールが溶媒で，水が溶質の役割を果たす希薄溶液である．グラフの左端に近い領域では，水が溶媒で，エタノールが溶質の役割を果たす希薄溶液である．すでに§12・2で説明したように，右端に近い領域では，希薄溶液の溶媒（エタノール）の蒸気圧$p_{溶媒}$は，溶媒（エタノール）の液相のモル分率$x_{液(溶媒)}$に比例

---

*1 実在希薄溶液については §14・5参照.

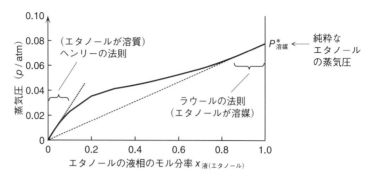

図 13・2　エタノールと水の混合物のエタノールの蒸気圧
(298.15 K)

し，その比例定数は純粋な溶媒（エタノール）の蒸気圧 $P^*_{溶媒}$ になる（破線と一致）．つまり，ラウールの法則が成り立つ．

$$p_{溶媒} = P^*_{溶媒} x_{液（溶媒）} \qquad (13・6)$$

(13・6)式の右辺はすべて溶媒に関する定数，変数であり，溶質の種類に依存しない．どのような溶質が溶けた希薄溶液でも，溶媒の蒸気圧（分圧）は溶媒の液相のモル分率に比例するという意味である．

　一方，左端に近い領域では，溶質（エタノール）の蒸気圧は，ラウールの法則を表す破線と一致しない．しかし，溶質（エタノール）の液相のモル分率には比例している（点線と一致）．そこで，ヘンリー（W. Henry）は，溶質の蒸気圧 $p_{溶質}$ の傾きを表す比例定数を，図13・2の $P^*_{溶媒}$ の代わりにヘンリー定数 k_H として，次の式を提案した．

$$p_{溶質} = k_H x_{液（溶質）} \qquad (13・7)$$

この関係をヘンリーの法則という．

　今度は希薄溶液の溶質の化学ポテンシャルを調べて，ヘンリー定数との関係を求めてみよう．まず，温度と圧力が一定の条件で，溶媒と溶質の液相の化学ポテンシャルの微小変化を表す次のギブズ–デュエムの式を使う（章末問題13・5参照）．

$$n_{液（溶質）} \, d\mu_{液（溶質）} + n_{液（溶媒）} \, d\mu_{液（溶媒）} = 0 \qquad (13・8)$$

平衡状態では，溶質と溶媒の化学ポテンシャルの微小変化は，それぞれの物質量を考慮すると相殺されるという意味である．(13・8)式を液相の全体の物質量 n（$= n_{液（溶媒）} + n_{液（溶質）}$）で割り算して，モル分率 x で表すと，溶質の液相

の化学ポテンシャルの微小変化 $\mathrm{d}\mu_{液(溶質)}$ は,

$$\mathrm{d}\mu_{液(溶質)} = -\frac{x_{液(溶媒)}}{x_{液(溶質)}}\mathrm{d}\mu_{液(溶媒)} \tag{13・9}$$

となる. 一方, (13・5)式の両辺を微分すると, $\mathrm{d}\mu_{液(溶媒)}$ は次のように表される ($\mu^*_{液(溶媒)}$ は x に関して定数なので消え, $\ln x$ の微分は $1/x$).

$$\mathrm{d}\mu_{液(溶媒)} = \frac{RT}{x_{液(溶媒)}}\mathrm{d}x_{液(溶媒)} \tag{13・10}$$

(13・10)式を(13・9)式に代入して整理すると,

$$\mathrm{d}\mu_{液(溶質)} = -\frac{RT}{x_{液(溶質)}}\mathrm{d}x_{液(溶媒)} \tag{13・11}$$

が得られる. また, $x_{液(溶媒)}+x_{液(溶質)} = 1$ だから, $\mathrm{d}x_{液(溶媒)} = -\mathrm{d}x_{液(溶質)}$ を代入すると,

$$\mathrm{d}\mu_{液(溶質)} = \frac{RT}{x_{液(溶質)}}\mathrm{d}x_{液(溶質)} \tag{13・12}$$

となる.

　標準化学ポテンシャル $\mu^{\ominus}_{液(溶質)}$ を基準にして, (13・12)式の両辺を積分すると, 希薄溶液の溶質の液相の化学ポテンシャル $\mu_{液(溶質)}$ は,

$$\mu_{液(溶質)} = \mu^{\ominus}_{液(溶質)} + RT\ln x_{液(溶質)} \tag{13・13}$$

と表される. 一方, 溶質の気相の化学ポテンシャル $\mu_{気(溶質)}$ は, (13・3)式と同様に,

$$\mu_{気(溶質)} = \mu^*_{気(溶質)} + RT\ln\left(\frac{p_{溶質}}{P}\right) \tag{13・14}$$

が成り立つ. 相平衡では, 溶質の気相と液相の化学ポテンシャルは同じだから, (13・13)式と(13・14)式の右辺が等しいとおいて, 整理すると,

$$\ln\left(\frac{p_{溶質}}{P\,x_{液(溶質)}}\right) = \frac{\mu^{\ominus}_{液(溶質)}-\mu^*_{気(溶質)}}{RT} \tag{13・15}$$

が成り立つ. さらに, 両辺の指数関数をとって整理すると,

$$p_{溶質} = P\,x_{液(溶質)}\exp\left(\frac{\mu^{\ominus}_{液(溶質)}-\mu^*_{気(溶質)}}{RT}\right) \tag{13・16}$$

が得られる. ここで, ヘンリー定数 k_{H} を,

$$k_{\mathrm{H}} = P\exp\left(\frac{\mu^{\ominus}_{液(溶質)}-\mu^*_{気(溶質)}}{RT}\right) \tag{13・17}$$

と定義すれば，(13・7)式のヘンリーの法則 $p_{溶質} = k_H x_{液(溶質)}$ が得られる．(13・17)式のヘンリー定数は温度 T と圧力 P が一定の条件で，溶質の化学ポテンシャルなどから計算できる．つまり，希薄溶液の溶質の蒸気圧（分圧）は溶質の液相のモル分率に比例するという意味である．

13・3　沸点上昇と化学ポテンシャル

　希薄溶液の沸点は純粋な溶媒の沸点よりも上がる．この現象を沸点上昇という．沸点上昇を化学ポテンシャルで説明すると，次のようになる．希薄溶液の溶媒は沸点で液体と気体が相平衡であり（図 13・3），それぞれの相の化学ポテンシャルは等しい．したがって，

$$\mu_{気(溶媒)} = \mu_{液(溶媒)} = \mu^*_{液(溶媒)} + RT\ln x_{液(溶媒)} \qquad (13・18)$$

が成り立つ〔(13・5)式参照〕．これを変形すると，

$$\ln x_{液(溶媒)} = \frac{\mu_{気(溶媒)} - \mu^*_{液(溶媒)}}{RT} \qquad (13・19)$$

となる．圧力 P が一定の条件で，(13・19)式の両辺を温度 T で偏微分すると，

$$\left(\frac{\partial \ln x_{液(溶媒)}}{\partial T}\right)_P = \frac{1}{R}\left\{\left(\frac{\partial(\mu_{気(溶媒)}/T)}{\partial T}\right)_P - \left(\frac{\partial(\mu^*_{液(溶媒)}/T)}{\partial T}\right)_P\right\} \quad (13・20)$$

となる．ここで，(11・46)式のギブズ–ヘルムホルツの式で，ギブズエネルギー G を化学ポテンシャル μ に置き換えると，

$$\left(\frac{\partial(\mu/T)}{\partial T}\right)_P = -\frac{H}{T^2} \qquad (13・21)$$

となる．右辺のエンタルピー H は 1 mol あたりのエンタルピー（モルエンタルピー，80 ページの脚注参照）である．そうすると，(13・20)式は，

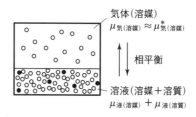

図 13・3　希薄溶液の気体と溶液の相平衡と化学ポテンシャル

$$\left(\frac{\partial \ln x_{液(溶媒)}}{\partial T}\right)_P = -\frac{1}{R}\left(\frac{H_{気(溶媒)}}{T^2} - \frac{H^*_{液(溶媒)}}{T^2}\right) \tag{13・22}$$

となる.

　溶液中の溶質は物質量が少なく,また,不揮発性が高く,ほとんど蒸発しないと仮定すると,溶媒の気体のエンタルピー $H_{気(溶媒)}$ を純粋な溶媒の気体のエンタルピー $H^*_{気(溶媒)}$ で近似できる.そうすると,$H^*_{気(溶媒)} - H^*_{液(溶媒)}$ は純粋な溶媒の蒸発エンタルピー $\Delta_{vap}H$ のことだから,(13・22)式は次のようになる.

$$\left(\frac{\partial \ln x_{液(溶媒)}}{\partial T}\right)_P \approx -\frac{\Delta_{vap}H}{RT^2} \tag{13・23}$$

純粋な溶媒の沸点を T^*_b(b は boiling point),また,希薄溶液の沸点を T_b として,(13・23)式を $T^*_b \sim T_b$ の温度範囲で積分すると,モル分率の積分範囲は $1 \sim x_{液(溶媒)}$ だから,

$$\ln x_{液(溶媒)} - \ln 1 = \ln x_{液(溶媒)}$$
$$= -\int_{T^*_b}^{T_b} \frac{\Delta_{vap}H}{RT^2}\,dT = \frac{\Delta_{vap}H}{R}\left(\frac{1}{T_b} - \frac{1}{T^*_b}\right) \tag{13・24}$$

となる.ここで,$x_{液(溶媒)} + x_{液(溶質)} = 1$ であり,希薄溶液では $x_{液(溶質)} \approx 0$ だから,

$$\ln x_{液(溶媒)} = \ln(1 - x_{液(溶質)}) \approx -x_{液(溶質)} \tag{13・25}$$

と近似できる(Ⅱ巻§1・4のマクローリン展開を参照).したがって,(13・24)式は,

$$x_{液(溶質)} = \frac{\Delta_{vap}H}{R}\frac{T_b - T^*_b}{T^*_b T_b}$$
$$\approx \frac{\Delta_{vap}H}{R}\frac{T_b - T^*_b}{(T^*_b)^2} = \frac{\Delta_{vap}H}{R(T^*_b)^2}\Delta T_b \tag{13・26}$$

となる(符号に注意).ここで,右辺の分母は $T^*_b T_b \approx (T^*_b)^2$ と近似した.沸点上昇($\Delta T_b = T_b - T^*_b > 0$)を測定すれば,溶質のモル分率 $x_{液(溶質)}$ を求めることができる.

　沸点上昇は溶質のモル分率 $x_{液(溶質)}$ ではなく,質量モル濃度 m で表されることが多い.質量モル濃度 m は溶媒 1000 g(= 1 kg)あたりの溶質の物質量 $n_{液(溶質)}$ であり,単位は mol kg^{-1} である.また,溶媒 1 mol あたりの質量(分子量)を M g mol^{-1} とすると,溶媒 1000 g の物質量 $n_{液(溶媒)}$ は $1000/M$ mol だから,溶液の溶質のモル分率 $x_{液(溶質)}$ は,

$$x_{液(溶質)} = \frac{n_{液(溶質)}}{n_{液(溶媒)}+n_{液(溶質)}} = \frac{m}{1000/M+m} \approx \frac{mM}{1000} \quad (13 \cdot 27)$$

となる。ここで，希薄溶液では，溶媒の物質量に比べて溶質の物質量は無視できるので，$1000/M \gg m$ と近似した．$(13 \cdot 27)$式を $(13 \cdot 26)$式に代入すれば，

$$\Delta T_{b} = \frac{RM(T_{b}^{*})^{2}}{1000\,\Delta_{vap}H}m \quad (13 \cdot 28)$$

となる．沸点上昇（$\Delta T_{b} = T_{b}-T_{b}^{*} > 0$）が溶質の質量モル濃度 m に比例することがわかる．比例定数をまとめて K_{b} とおけば，

$$\Delta T_{b} = K_{b}m \quad (13 \cdot 29)$$

と表される．K_{b} は溶媒の沸点定数（モル沸点上昇ともいう）とよばれる．M，T_{b}^{*}，$\Delta_{vap}H$ は溶媒に関する定数だから，K_{b} は溶質の種類に依存しない．つまり，沸点上昇 ΔT_{b} は希薄溶液の束一的性質の一つである．代表的な溶媒の沸点 T_{b}^{*} と沸点定数 K_{b} を表 13・1 に示す．

表 13・1　代表的な純粋な溶媒の沸点 T_{b}^{*} と沸点定数 K_{b}

溶　媒	T_{b}^{*} / K	K_{b} / K mol^{-1} kg
水	373.15	0.515
アセトン	329.44	1.71
アニリン	457.55	3.22
クロロホルム	334.30	3.62
酢　酸	391.05	2.53

13・4　凝固点降下と化学ポテンシャル

　希薄溶液の凝固点は純粋な溶媒の凝固点よりも下がる．この現象を凝固点降下という．溶媒は凝固点で固体と液体が相平衡であり（図 13・4），それぞれの相の化学ポテンシャルは等しい．したがって，

$$\mu_{固(溶媒)} = \mu_{液(溶媒)} = \mu_{液(溶媒)}^{*}+RT\ln x_{液(溶媒)} \quad (13 \cdot 30)$$

が成り立つ〔$(13 \cdot 5)$式参照〕．$(13 \cdot 30)$式を整理すると，

$$\ln x_{液(溶媒)} = \frac{\mu_{固(溶媒)}-\mu_{液(溶媒)}^{*}}{RT} \quad (13 \cdot 31)$$

となる．圧力 P が一定の条件で，両辺を温度 T で偏微分すると，$(13 \cdot 22)$式と同様に，

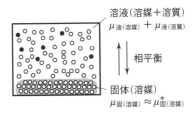

図 13・4　希薄溶液の固体と溶液の相平衡と化学ポテンシャル

$$\left(\frac{\partial \ln x_{液(溶媒)}}{\partial T}\right)_P = -\frac{1}{R}\left(\frac{H_{固(溶媒)}}{T^2} - \frac{H^*_{液(溶媒)}}{T^2}\right) \tag{13・32}$$

が得られる．ここで，希薄溶液の固体には溶質がほとんど含まれない（$x_{固(溶質)} \approx 0$）ので，右辺の $H_{固(溶媒)}$ を純粋な溶媒の固体のエンタルピー $H^*_{固(溶媒)}$ で近似できる．さらに，融解エンタルピー $\Delta_{fus}H$（$= H^*_{液(溶媒)} - H^*_{固(溶媒)}$）で置き換えると，

$$\left(\frac{\partial \ln x_{液(溶媒)}}{\partial T}\right)_P = \frac{\Delta_{fus}H}{RT^2} \tag{13・33}$$

となる（符号は相殺される）．

　純粋な溶媒の凝固点を T_f^*（f は freezing point），希薄溶液の凝固点を T_f とする．(13・33)式を $T_f^* \sim T_f$ の温度範囲で積分すると，モル分率の積分範囲は $1 \sim x_{液(溶媒)}$ だから，

$$\ln x_{液(溶媒)} - \ln 1 = \ln x_{液(溶媒)} \tag{13・34}$$
$$= \int_{T_f^*}^{T_f} \frac{\Delta_{fus}H}{RT^2}\,\mathrm{d}T = \frac{\Delta_{fus}H}{R}\left(\frac{1}{T_f^*} - \frac{1}{T_f}\right)$$

となる．沸点上昇と同様に(13・25)式の近似を使えば，モル分率 $x_{液(溶質)}$ は，

$$x_{液(溶質)} = \frac{\Delta_{fus}H}{R}\frac{T_f^* - T_f}{T_f^* T_f} \approx \frac{\Delta_{fus}H}{R}\frac{T_f^* - T_f}{(T_f^*)^2} = \frac{\Delta_{fus}H}{R(T_f^*)^2}\Delta T_f \tag{13・35}$$

となって，凝固点降下 ΔT_f（$= T_f^* - T_f > 0$）に比例する．

　沸点上昇と同様に，凝固点降下を溶質の質量モル濃度 m で表せば，

$$\Delta T_f = \frac{RM(T_f^*)^2}{1000\,\Delta_{fus}H}m \tag{13・36}$$

が得られる．凝固点降下 ΔT_f が溶質の質量モル濃度 m に比例することがわか

る．比例定数をまとめて K_f とおけば，

$$\Delta T_f = K_f m \qquad (13 \cdot 37)$$

となる．K_f は溶媒の凝固点定数（モル凝固点降下ともいう）とよばれる．M,
T_f^*, $\Delta_{fus} H$ は溶媒に関する定数だから，K_f は溶質の種類に依存しない．つま
り，凝固点降下 ΔT_f は希薄溶液の束一的性質の一つである．代表的な溶媒の凝
固点 T_f^* と凝固点定数 K_f を表 13・2 に示す．

表 13・2　代表的な純粋な溶媒の凝固点 T_f^* と凝固点定数 K_f

溶　媒	T_f^* / K	K_f / K mol^{-1} kg
水	273.15	1.853
アセトン	178.45	2.40
アニリン	267.17	5.87
クロロホルム	209.60	4.90
酢　酸	256.49	3.90

　　希薄溶液の沸点上昇と凝固点降下をグラフで説明すると，次のようになる．
溶媒が水の場合には，氷，水，水蒸気の化学ポテンシャルを考えればよいの
で，図 8・1 のグラフの一部を図 13・5 に再掲する．ただし，縦軸は 1 mol あ
たりのギブズエネルギーなので，化学ポテンシャルとした．すでに説明したよ
うに，希薄溶液が凝固してできる氷と，蒸発してできる水蒸気は純物質と近似
できるから，図 13・5 の化学ポテンシャル（実線）は図 8・1 と変わらない．
一方，希薄溶液の水は混合物なので，§11・2 で説明したように，化学ポテン

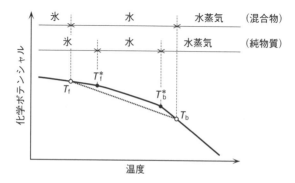

図 13・5　希薄溶液の氷，水，水蒸気の化学ポテンシャル（1 atm）

シャル（点線）は実線よりも低くなる．そうすると，点線と実線の交点（○）が示す凝固点は下がり（$T_f \leftarrow T_f^*$），沸点は上がる（$T_b^* \rightarrow T_b$）ことがわかる．

13・5 浸透圧とファントホッフの式

　溶液の成分のうち，水やイオンなどの低分子物質（溶媒）だけを透過させて，タンパク質やコロイド粒子などの高分子物質（溶質）を透過させない膜がある．これを半透膜という．例としては，セロハンやボウコウ膜，細胞膜などがある．たとえば，図13・6のように二つの容器を半透膜でつなぎ，左側には純粋な液体（溶媒）を入れ，右側には少量の溶質を溶かした希薄溶液を入れる．はじめに，左右の容器の高さを同じにしても（非平衡状態），しばらくすると，溶媒が半透膜を通り抜け，左側の純粋な溶媒の高さが低くなり，右側の希薄溶液の高さが高くなる（平衡状態）．希薄溶液の高さがどのくらいになるかというと，溶媒の種類が同じならば，溶かした溶質の種類には関係なく，溶かした溶質の物質量で決まる．この現象も希薄溶液の束一的性質の一つである．

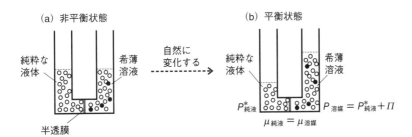

図 13・6　半透膜による浸透圧 Π と化学ポテンシャル

　平衡状態で左右の高さが違うということは，半透膜の左右の液体の圧力が違うということである．圧力が違っていても釣り合う理由は，化学ポテンシャルが同じだからである（ここでは蒸気圧が低く，気相は無視できると近似する）．平衡状態での半透膜の左側の純粋な溶媒の圧力を $P_{純液}^*$，半透膜の右側の希薄溶液の圧力を $P_{溶媒}$ とする．圧力差 $P_{溶媒}-P_{純液}^*$ を浸透圧といい，ふつうは Π（パイ）で表す．また，左側の純粋な溶媒の化学ポテンシャルを $\mu_{純液}$，右側の溶液の溶媒の化学ポテンシャルを $\mu_{溶媒}$ とすると，左側は純粋な溶媒だから，

$$\mu_{純液} = \mu_{純液}^* \qquad (13・38)$$

となる（＊は純物質を表す）．一方，右側は溶質を含む溶液だから，希薄溶液

の溶媒のモル分率を $x_{溶媒}$ とすると〔(13·5)式参照〕,

$$\mu_{溶媒} = \mu^*_{溶媒} + RT \ln x_{溶媒} \tag{13·39}$$

となる. 同じ物質の純粋な液体の化学ポテンシャルだから, $\mu^*_{純液} = \mu^*_{溶媒}$ と思うかもしれない. しかし, 化学ポテンシャルは圧力（溶液の高さ）に依存するので（§6·5参照）, $\mu^*_{純液}$ と $\mu^*_{溶媒}$ は同じではない.

平衡状態では, (13·38)式の $\mu_{純液}$ と(13·39)式の $\mu_{溶媒}$ は等しいから,

$$\mu^*_{純液} = \mu^*_{溶媒} + RT \ln x_{溶媒} \tag{13·40}$$

が成り立つ. これを整理すると,

$$\ln x_{溶媒} = \frac{\mu^*_{純液} - \mu^*_{溶媒}}{RT} \tag{13·41}$$

となる. (6·30)式で示したように, 温度が一定の条件で, ギブズエネルギーの圧力依存性は体積に等しい.

$$\left(\frac{\partial G}{\partial P}\right)_T = V \tag{13·42}$$

あるいは, 両辺を物質量で割り算して, 化学ポテンシャルで表せば,

$$\left(\frac{\partial \mu}{\partial P}\right)_T = V_m \tag{13·43}$$

となる. V_m は溶媒のモル体積であり, ここでは液体の体積だから, 圧力によってほとんど変わらない. そこで, V_m が一定の条件で, (13·43)式の左辺の ∂P を右辺に移動してから, 両辺を圧力 $P^*_{純液}$ から $P_{溶媒}$ （$= P^*_{純液} + \Pi$）まで積分すると,

$$\mu^*_{溶媒} - \mu^*_{純液} = \int_{P^*_{純液}}^{P^*_{純液} + \Pi} V_m \mathrm{d}P = V_m \Pi \tag{13·44}$$

が得られる. (13·44)式を(13·41)式に代入すると,

$$\ln x_{溶媒} = -\frac{V_m \Pi}{RT} \tag{13·45}$$

となる. ここで, (13·25)式の近似を使えば, 次の式が得られる.

$$x_{溶質} = \frac{V_m \Pi}{RT} \tag{13·46}$$

希薄溶液中の溶媒の物質量は溶質の物質量に比べてかなり大きいので,

$$x_{溶質} = \frac{n_{溶質}}{n_{溶媒} + n_{溶質}} \approx \frac{n_{溶質}}{n_{溶媒}} \tag{13·47}$$

と近似できる. そうすると, (13・46)式の浸透圧 Π は,

$$\Pi = \frac{n_{溶質}}{n_{溶媒} V_m} RT \tag{13・48}$$

となる. $n_{溶媒} V_m$ は溶液全体の体積 V だから,

$$\Pi V = n_{溶質} RT \tag{13・49}$$

という式が得られる. これを浸透圧に関するファントホッフの式という. また, $n_{溶質}/V$ は溶質の物質量濃度 c だから, 浸透圧 Π は,

$$\Pi = cRT \tag{13・50}$$

と表すこともできる.

章末問題

13・1　9章の気体の混合ギブズエネルギーと混合エントロピーを参考にして, 液体Aと液体Bを混合したとき, 系全体（溶液と蒸気）の混合ギブズエネルギーおよび混合エントロピーを, それぞれの物質量とモル分率で表す式を求めよ.

13・2　図13・2で, エタノールを溶媒とする希薄溶液のエタノールの蒸気圧は, エタノールの液相のモル分率に比例する. 比例定数を図13・2のグラフから読みとって, 単位とともに答えよ.

13・3　エタノールを溶質とする希薄溶液のヘンリー定数を図13・2のグラフから読みとって, 単位とともに答えよ.

13・4　ドルトンの分圧の法則とヘンリーの法則が成り立つとして, $x_{気(溶質)}$ と $x_{液(溶質)}$ の関係式を求めよ.

13・5　圧力と温度が一定の条件で, ギブズエネルギー G を物質量 $n_{溶媒}$ と $n_{溶質}$ および化学ポテンシャル $\mu_{溶媒}$ と $\mu_{溶質}$ の関数と考える. 微小変化 dG はどのように表されるか. また, 平衡状態では(13・8)式が成り立つことを示せ.

13・6　希薄水溶液の沸点が純水に比べて 1 K 上昇したとする. (13・28)式を使って, 溶質のモル分率を求めよ. 蒸発エンタルピーは表7・1の値を用いよ. モル気体定数は $R = 8.3145\ \mathrm{J\ K^{-1}\ mol^{-1}}$ とする. また, 溶質のモル分率から水の沸点定数を求め, 表13・1の値と比較せよ.

13・7　モル質量が $342\ \mathrm{g\ mol^{-1}}$ の溶質 $3.42\ \mathrm{g}$ を水に溶かして $100\ \mathrm{g}$ とした. 以下の問いに答えよ.

(1) 質量モル濃度を求めよ.

(2) 沸点を求めよ.

(3) 凝固点を求めよ.

(4) 298.15 K での浸透圧を求めよ. 水の密度は $1\,\mathrm{kg\,dm^{-3}}$, モル気体定数は $R = 0.082\,06\,\mathrm{dm^3\,atm\,K^{-1}\,mol^{-1}}$ とする.

14

電解質溶液の性質

　少量の固体を液体に溶かしたときに，カチオンとアニオンに電離する物質を電解質という．ほとんど完全に電離する物質を強電解質，あまり電離しない物質を弱電解質という．電解質溶液の電離度は浸透圧や電気伝導率から求められる．また，理想溶液と実在溶液の化学ポテンシャルの違いを説明するために，活量および活量係数を導入する．

14・1　強電解質と弱電解質

　水などの液体（溶媒）に溶かしたときに，イオンに解離しない物質（溶質）を非電解質という．非電解質としてはアルコールやスクロースなどがある．非電解質に対して，液体に溶かしたときにイオンに解離して，イオン伝導性を示す物質がある．このような物質を電解質という[*]．イオン伝導性というのは，溶液に電圧をかけると，溶液内のイオンが電場の向きに従って移動する性質のことである．

　電解質はさらに強電解質と弱電解質に分類される．強電解質は電離度がほとんど1に近い物質のことである．電離度というのは，どのくらいの物質が溶液中でイオンに解離しているかという割合のことである．"イオンに解離する"ことを"電離する"という．たとえば，溶媒が水の場合には，塩化水素 HCl や硝酸 HNO_3 などの強酸，水酸化ナトリウム $NaOH$ や水酸化カリウム KOH などの強塩基，塩化ナトリウム $NaCl$ や塩化カリウム KCl などの塩が強電解質である．一方，弱電解質は物質のほとんどが電離しない電解質のことである．たとえば，溶媒が水の場合には，酢酸 CH_3COOH が弱電解質である．酢酸は1 dm^3 の水に 0.1 mol 溶かしても，1%程度しかイオンになっていない．ただし，酢酸は液体アンモニアに溶かすと，ほとんど完全に溶けるので強電解質となる．同じ物質でも，どのような溶媒に溶かすかによって，弱電解質になったり，

---

　[*]　液体（溶液）だけでなく，気体や固体でもイオン伝導性を示す物質はある．

強電解質になったりする. 前章では非電解質を溶質とする希薄溶液の束一的性質について説明した. この章では電解質を溶質とする溶液の性質を考えることにする.

12章と13章では, 希薄溶液の性質（たとえば蒸気圧）が純粋な液体の性質と異なることを説明した. その原因として, 溶液中での分子間相互作用が純物質中の分子間相互作用と異なるためであると考えた（図12・5）. たとえば, エタノールと水の混合物では, エタノール分子がエタノール分子に囲まれている場合（ラウールの法則が成り立つ）と, 水分子で囲まれている場合（ヘンリーの法則が成り立つ）では, 蒸気圧の振舞いが異なる（図13・2参照）.

電解質の場合には, 分子間相互作用の影響がさらに大きいと考えられる. たとえば, 固体の塩化ナトリウム NaCl は, カチオン Na^+ とアニオン Cl^- がイオン結合する（87ページの脚注2の参考書参照）. Na^+ の配置も Cl^- の配置も, III巻図8・2で説明した立方最密充填構造（面心立方格子）になり〔図14・1(a)〕, Na^+ と Cl^- が強く相互作用する. 一方, NaCl を水（溶媒）に溶かすと, Na^+ および Cl^- のまわりに水分子が集まって相互作用して（水和という）, 安定化する. 水分子は酸素原子と水素原子の電気陰性度が異なり, 水素原子が少し正の電荷 $\delta+$ をもち, 酸素原子が少し負の電荷 $\delta-$ をもつので, Na^+ とも Cl^- とも相互作用する〔図14・1(b)〕. その結果, NaCl は水に溶けるという現象が起こる. ただし, 濃度が高くなって希薄溶液でなくなると, 一部の NaCl は電離せずに, イオン結合したままで溶液中に存在する. 電離度は濃度に依存する.

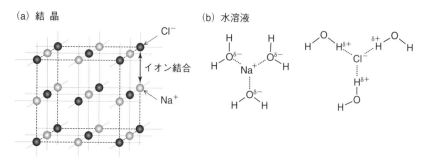

(a) 結晶 　　　　　　　　　　　　　(b) 水溶液

図 14・1　塩化ナトリウムの結晶と水溶液の分子間相互作用

14・2　電解質溶液の浸透圧

　非電解質を溶質とする希薄溶液の浸透圧 Π については，ファントホッフの式が成り立つ〔(13・50)式〕.

$$\Pi = cRT \qquad\qquad (14・1)$$

ここで，c は物質量濃度である. 溶媒に n mol の非電解質を溶かして，溶液の体積が V ならば，物質量濃度は，

$$c = \frac{n}{V} \qquad\qquad (14・2)$$

で定義される. 電解質を溶かした場合には，溶液中のイオンの物質量は溶かす前の物質量とは異なる. たとえば，1 mol の強電解質の NaCl を水に溶かして，完全に 1 mol の Na^+ と 1 mol の Cl^- に電離したとする. 溶液内の溶質（イオン）の物質量は 2 mol になるから，ファントホッフの式は，

$$\Pi = 2cRT \qquad\qquad (14・3)$$

と書く必要がある. ここで，c は溶かす前の NaCl の物質量を溶液の体積で割り算した物質量濃度である. 一部の NaCl が電離していない溶液では，電離度を考慮して，ファントホッフの (14・1)式を，

$$\Pi = icRT \qquad\qquad (14・4)$$

と書く必要がある. 補正のための i をファントホッフ係数とよぶ. (14・3)式と (14・4)式を比べれば，水溶液中で完全に電離する NaCl は $i = 2$ である.

　一般的に，$A_{\nu_A}B_{\nu_B}$ という化学式の物質が，希薄溶液中で ν_A 個のカチオン $A^{z_A^+}$ と ν_B 個のアニオン $B^{z_B^-}$ に電離したとすると，反応式は，

$$A_{\nu_A}B_{\nu_B} \longrightarrow \nu_A A^{z_A^+} + \nu_B B^{z_B^-} \qquad\qquad (14・5)$$

と書ける. 電離度を α（アルファ）とすると，溶液中には $(1-\alpha)$ の割合の電離しない $A_{\nu_A}B_{\nu_B}$ と，$\alpha\nu_A$ の割合の $A^{z_A^+}$ と，$\alpha\nu_B$ の割合の $B^{z_B^-}$ が存在することになる. したがって，ファントホッフ係数 i は，

$$i = (1-\alpha)+\alpha\nu_A+\alpha\nu_B = 1+(\nu_A+\nu_B-1)\alpha \qquad (14・6)$$

となる. 水溶液中で完全に電離する NaCl の場合には，$\nu_A = 1$，$\nu_B = 1$，$\alpha = 1$ なので，すでに説明したように，$i = 2$ である. 逆に，希薄溶液の浸透圧 Π を実験で決めれば，(14・4)式を使って，ファントホッフ係数 i を求めることができる. さらに，そのファントホッフ係数 i を(14・6)式に代入すれば，溶液の電離度 α を決定できる（ν_A と ν_B は電解質の種類で決まる）.

14・3　モル伝導率とイオン伝導率

　電離度 α は電気伝導率 κ（カッパ）から求めることもできる．電気伝導率（あるいは導電率）は，物質の電流の流れやすさを表す物理量である．まずは，オームの法則を復習してみよう．金属の棒に電圧をかけると，電流が流れる（図14・2）．電圧の大きさを V（体積ではない），流れる電流値を I，抵抗値を R（モル気体定数ではない）とすれば，オームの法則は，

$$R = \frac{V}{I} \tag{14・7}$$

と表される．抵抗値の逆数 $1/R$ は物質の電流の流れやすさを表し，金属の棒の断面積 S（エントロピーではない）に比例し，長さ ℓ に反比例する．

$$\frac{1}{R} = \kappa \frac{S}{\ell} \tag{14・8}$$

ここで，比例定数 κ が電気伝導率である．電圧の大きさ V と電流値 I を測定して，抵抗値 R をオームの法則（14・7）式で決めれば，金属の棒の断面積 S と長さ ℓ を(14・8)式に代入して，電気伝導率 κ を求めることができる．

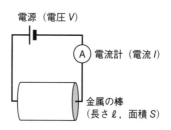

図 14・2　電気伝導率の測定

　金属の棒の代わりに，両端に電極板をつけたガラス管を用意して，中に希薄溶液を入れると，溶液の電気伝導率を測定できる．希薄溶液は多量の溶媒と少量の溶質を含むので，溶液の電気伝導率 $\kappa_{溶液}$ は，

$$\kappa_{溶液} = \kappa_{溶媒} + \kappa_{溶質} \tag{14・9}$$

となる．金属の場合には金属結合を担う自由電子（87ページの脚注2の参考書参照）の移動が電流の原因になるが，溶液の場合には溶液に含まれるイオンの移動が電流の原因となる．つまり，溶液の電気伝導率はイオン伝導性を反映する．もしも，溶媒がほとんど電離しなければ（$\kappa_{溶媒} \approx 0$），電離する溶質のカチオンとアニオンの移動に伴う電気伝導率 $\kappa_{溶質}$ のみを考えればよい（以降

はκの添え字の"溶質"を省略).

　溶質の電気伝導率κと電離度αの関係を調べてみよう．希薄溶液でイオンの量が増えれば，電流値は増える．したがって，電気伝導率κは濃度cに比例すると考えられる．比例定数をΛ（ラムダ）とおくと，

$$\kappa = \Lambda c \qquad (14 \cdot 10)$$

となる．Λのことをモル伝導率とよぶ．(14・8)式からわかるように，κの単位は$\Omega^{-1}\,m^{-1}$なので，Λの単位は$\Omega^{-1}\,m^2\,mol^{-1}$である（章末問題14・3）．また，溶液中のイオンの物質量は電離度αにも依存する．そこで，完全に電離したとき（$\alpha = 1$）のモル伝導率を極限モル伝導率Λ^{∞}と定義し，

$$\Lambda = \Lambda^{\infty}\alpha \qquad (14 \cdot 11)$$

と書くことにする．結局，(14・8)式は，

$$\frac{1}{R} = \frac{Sc\Lambda}{\ell} = \frac{Sc\Lambda^{\infty}\alpha}{\ell} \qquad (14 \cdot 12)$$

となる．したがって，極限モル伝導率Λ^{∞}は次のように書ける．

$$\Lambda^{\infty} = \frac{\ell}{RSc\alpha} \qquad (14 \cdot 13)$$

　実際には極限モル伝導率Λ^{∞}を実験で求めることはできない．無限に希釈すれば溶質がないので，Λ^{∞}を求めることは無理という意味である．そこで，まず，濃度cを少しずつ薄めて，希薄溶液の抵抗値Rを測定して，(14・8)式を使ってκを求める．そして，(14・10)式を使って，κと濃度cからモル伝導率Λを求めてグラフにする．グラフを濃度0に外挿すれば，極限モル伝導率Λ^{∞}を求めることができる．例として，塩化ナトリウム水溶液のモル伝導率Λを

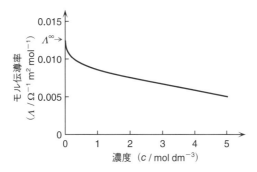

図 14・3　塩化ナトリウム水溶液のモル伝導率の濃度依存性　(298.15 K)

図 14・3 に示す. 濃度を 0 に外挿すれば, $\Lambda^{\infty} = 0.0126\,\Omega^{-1}\,m^2\,mol^{-1}$ が得られる.

もう一度, 一般的なイオン化〔(14・5)式〕を考えてみよう.

$$A_{\nu_A}B_{\nu_B} \longrightarrow \nu_A A^{z_A+} + \nu_B B^{z_B-} \qquad (14 \cdot 14)$$

この場合のモル伝導率は, カチオンとアニオンの移動のしやすさ (イオン伝導率) から考えればよい. カチオンとアニオンの極限イオン伝導率を λ_+^{∞} と λ_-^{∞} で表せば, $A_{\nu_A}B_{\nu_B}$ の極限モル伝導率 Λ^{∞} は次のように近似できる.

$$\Lambda^{\infty} = \nu_A \lambda_+^{\infty} + \nu_B \lambda_-^{\infty} \qquad (14 \cdot 15)$$

これをイオン独立の法則という. 代表的なカチオンとアニオンの水溶液中の極限イオン伝導率を表 14・1 に示す. なお, 多価イオンについては, 1 電子あたりの値が示してある. イオンの電荷が 2+ または 2− になると, 伝導率も 2 倍になる.

表 14・1　水溶液中の極限イオン伝導率 λ^{∞} (298.15 K)

カチオン	$\lambda_+^{\infty} / \Omega^{-1}\,m^2\,mol^{-1}$	アニオン	$\lambda_-^{\infty} / \Omega^{-1}\,m^2\,mol^{-1}$
H^+	0.03501	OH^-	0.01980
Li^+	0.00387	F^-	0.00554
Na^+	0.00501	Cl^-	0.00763
K^+	0.00735	Br^-	0.00781
Mg^{2+}	0.00531	CO_3^{2-}	0.00693
Be^{2+}	0.00639	NO_3^-	0.00714
Ca^{2+}	0.00595	$HCOO^-$	0.00546
Sr^{2+}	0.00595	CH_3COO^-	0.00409

できるだけ多くの種類の強電解質の極限モル伝導率 Λ^{∞} を再現するように, 極限イオン伝導率 λ^{∞} が決められている. たとえば, NaCl, KCl, NaBr, KBr の四つの Λ^{∞} から, Na^+, K^+, Cl^-, Br^- の四つの λ^{∞} を決めることができる. たとえば, 表 14・1 の値を使うと, NaCl の極限モル伝導率は Na^+ と Cl^- の極限イオン伝導率を足し算して,

$$\Lambda_{NaCl}^{\infty} = \lambda_{Na^+}^{\infty} + \lambda_{Cl^-}^{\infty} = 0.00501 + 0.00763 = 0.01264\,\Omega^{-1}\,m^2\,mol^{-1}$$
$$(14 \cdot 16)$$

となって, 実験値を再現する (図 14・3 参照). 一方, 弱電解質の電離度 α は 1 よりもかなり小さいので, 極限モル伝導率 Λ^{∞} を実験で見積もることができ

ない．しかし，弱電解質でも，(14・15)式のイオン独立の法則が成り立つと仮定すれば，表14・1の極限イオン伝導率 λ_+^∞ と λ_-^∞ から，極限モル伝導率 Λ^∞ を見積もることができる．たとえば，酢酸の極限モル伝導率 Λ^∞ は，$\lambda_{H^+}^\infty$ と $\lambda_{CH_3COO^-}^\infty$ の値を使って，次のように求められる．

$$\Lambda_{CH_3COOH}^\infty = 0.03501 + 0.00409 = 0.0391\ \Omega^{-1}\,m^2\,mol^{-1} \quad (14\cdot17)$$

(14・11)式を使えば，モル伝導率 Λ と表14・1の値を使って計算した極限モル伝導率 Λ^∞ から，電離度 α（$= \Lambda/\Lambda^\infty$）が求められる．298.15 K で，酢酸水溶液の電離度が濃度にどのように依存するかを図14・4に示す．濃度 c が少し大きくなると，電離度 α は急激に小さくなる（章末問題14・6）．

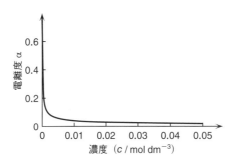

図 14・4　酢酸水溶液の電離度の濃度依存性（298.15 K）

14・4　酸解離定数と電離度

§11・1では，一般的な可逆反応 $a\mathrm{A}+b\mathrm{B}+c\mathrm{C}\cdots \rightleftarrows p\mathrm{P}+q\mathrm{Q}+r\mathrm{R}\cdots$ の濃度平衡定数 K_c が，

$$K_c = \frac{[\mathrm{P}]^p[\mathrm{Q}]^q[\mathrm{R}]^r\cdots}{[\mathrm{A}]^a[\mathrm{B}]^b[\mathrm{C}]^c\cdots} \quad (14\cdot18)$$

で与えられることを説明した〔(11・9)式，∞ の記号は省略〕．解離反応の平衡定数を特に解離定数という．たとえば，酢酸を水に溶かす場合を考える．

$$\mathrm{CH_3COOH + H_2O \rightleftharpoons CH_3COO^- + H_3O^+} \quad (14\cdot19)$$

酢酸水溶液の解離定数は，

$$K_c = \frac{[\mathrm{CH_3COO^-}][\mathrm{H_3O^+}]}{[\mathrm{CH_3COOH}][\mathrm{H_2O}]} \quad (14\cdot20)$$

となる．希薄溶液ならば，水は大量にあって，$[\mathrm{H_2O}]$ は一定の値とみなせる

から,

$$\frac{[CH_3COO^-][H_3O^+]}{[CH_3COOH]} = K_c[H_2O] \equiv K_a \qquad (14 \cdot 21)$$

と定義する. K_a のことを酸解離定数とよぶ*. 酢酸の電離度を α とすれば, 電離していない酢酸の濃度は $c(1-\alpha)$, アニオンとカチオンの濃度はともに $c\alpha$ である. したがって, 酸解離定数 K_a は次のようになる.

$$K_a = \frac{c\alpha^2}{1-\alpha} \qquad (14 \cdot 22)$$

これをオストワルドの希釈律という.

(14・22)式を使うと, 濃度 c と電離度 α から酢酸水溶液の酸解離定数 K_a を計算できる. 酸解離定数の濃度依存性を図 14・5 に示す. 酢酸水溶液の電離度 α は, 図 14・4 で示したように, 約 $0.005\ mol\ dm^{-3}$ 以下の濃度で急激に小さくなる. しかし, 酸解離定数は濃度にほとんど依存しないことがわかる. 酢酸水溶液は $298.15\ K$ で約 $1.8 \times 10^{-5}\ mol\ dm^{-3}$ の一定の値を示す.

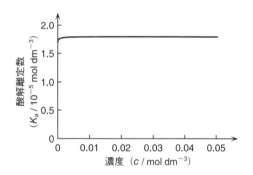

図 14・5　酢酸水溶液の酸解離定数の濃度依存性 $(298.15\ K)$

　もしも, ある濃度の酢酸水溶液を平衡状態 (解離平衡という) にして, さらに適当な酸を追加して, $[H_3O^+]$ を高くすると, 電離度はどのようになるだろうか (図 14・6). 平衡状態では, 温度が変わらなければ, 濃度が変わっても酸解離定数 K_a は変わらないので, 約 $1.8 \times 10^{-5}\ mol\ dm^{-3}$ のままのはずである (図 14・5 参照). つまり, (14・21)式の右辺の K_a は定数である. そうする

　＊　アンモニアのように, 電離して塩基性を示す電解質の場合には, 塩基解離定数とよんで, K_b で表す. アンモニア水溶液の場合には, $K_b = [NH_4^+][OH^-]/[NH_3]$ となる.

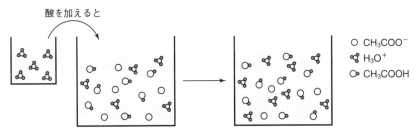

図 14・6　酸を追加したときの酢酸水溶液の電離度の変化

と，左辺の $[H_3O^+]$ の変化を打消すように $[CH_3COO^-]$ が低くなり，$[CH_3COOH]$ が高くなる必要がある（§11・5のルシャトリエの原理を参照）．つまり，酢酸水溶液に適当な酸を加えると，電離していない酢酸が増えて，電離度が小さくなる（章末問題 14・9 参照）．

14・5　フガシティーと活量

　この節では，まず，理想気体と実在気体の違いを説明し，次に理想溶液と実在溶液の違いを説明する．すでに説明したように，1 mol の理想気体ならば，簡単な状態方程式が成り立つ〔(1・1)式参照〕．

$$PV_m = RT \tag{14・23}$$

ここで，V_m はモル体積，R はモル気体定数，T は熱力学温度である．しかし，実在気体では(14・23)式は成り立たない．その代わりに，たとえば，ファンデルワールスの状態方程式〔III巻(7・2)式〕を考える必要がある．

$$P = -\frac{a}{V_m{}^2} + \frac{RT}{V_m - b} \tag{14・24}$$

ここで，a，b はファンデルワールス定数とよばれ，分子間相互作用や分子の有限の大きさを考慮するための定数であり，分子の種類に依存する．

　§6・5で説明したように，理想気体の圧力 P の微小変化とモルギブズエネルギー G_m の微小変化との間には，温度 T と物質量 n（= 1 mol）が一定の条件で，次の関係式がある〔(6・42)式〕．

$$dG_m = V_m dP \tag{14・25}$$

そこで，(14・25)式に(14・23)式を代入して，標準圧力 $P^{\ominus}$ から一般的な圧力 P の範囲で積分して，理想気体の化学ポテンシャル μ（= G_m）を次のように求めた〔(6・44)式〕．

$$G_m = \mu = \mu^{\ominus} + RT\ln\left(\frac{P}{P^{\ominus}}\right) \tag{14・26}$$

　同様に，実在気体の化学ポテンシャルを求めるためには，(14・25)式に(14・24)式のファンデルワールスの状態方程式を代入すれば，求めることができる．しかし，(14・24)式は近似式であるにもかかわらず，積分の計算はかなり複雑になる．そこで，計算しやすいように，実在気体の状態方程式を，

$$fV_m = RT \tag{14・27}$$

で表すことにする．つまり，理想気体と同じ状態方程式の形を用い，ただし，圧力Pをfで置き換えて，実在気体と理想気体の違いを考慮する．式で表せば，

$$f = \gamma P \tag{14・28}$$

とおくということである．fのことをフガシティー（あるいは逸散能）とよび，γをフガシティー係数とよぶ．理想気体と実在気体の違いは複雑だが，その違いをフガシティー係数γに集約するという意味である．理想気体ならば，$\gamma = 1$である．そうすると，実在する混合気体の成分 i の化学ポテンシャルμ_iは，分圧p_iの代わりにフガシティーf_iを用いて，(9・28)式の代わりに，

$$\mu_i = \mu_i^{\ominus} + RT\ln\left(\frac{f_i}{P^{\ominus}}\right) \tag{14・29}$$

となる．

　一方，理想溶液では，希薄溶液の溶質の化学ポテンシャルは，(13・13)式で示したように，モル分率xを用いて，

$$\mu_{溶質} = \mu_{溶質}^{\ominus} + RT\ln x_{溶質} \tag{14・30}$$

と表される〔添え字の"液（　）"を省略〕．実在気体でフガシティーを導入したように，理想溶液と実在溶液の違いを考慮するために，モル分率xの代わりに，新たな物理量として活量aを導入する*．つまり，

$$a = \gamma x \tag{14・31}$$

とおく．比例定数のγのことを活量係数とよぶ．そうすると，実在溶液の溶質の化学ポテンシャルは，(14・30)式の代わりに次のようになる．

$$\mu_{溶質} = \mu_{溶質}^{\ominus} + RT\ln a_{溶質} \tag{14・32}$$

たとえば，1個の溶質が1個のカチオンと1個のアニオンに電離したとする．

---

*　実在気体や実在溶液の平衡定数も，厳密にはフガシティーや活量を使う必要がある．フガシティーや活量を用いた平衡定数を熱力学的平衡定数という．たとえば，可逆反応 A $\rightleftarrows$ B の気相での平衡定数はf_B/f_A，液相での平衡定数はa_B/a_Aとなる．

それぞれの活量を a_+ と a_- とすると，それぞれの化学ポテンシャル μ_+ と μ_- は，

$$\mu_+ = \mu_+^{\ominus} + RT\ln a_+ \quad \text{および} \quad \mu_- = \mu_-^{\ominus} + RT\ln a_- \qquad (14 \cdot 33)$$

となる．溶液中ではカチオンとアニオンが共存しているので，それぞれの化学ポテンシャルを独立に決めることはむずかしい．そこで，次のような相加平均の化学ポテンシャル $\mu_{\pm}$ を考えることにする．

$$\mu_{\pm} = \frac{\mu_+ + \mu_-}{2} = \frac{\mu_+^{\ominus} + \mu_-^{\ominus}}{2} + \frac{RT(\ln a_+ + \ln a_-)}{2} \qquad (14 \cdot 34)$$
$$= \mu_{\pm}^{\ominus} + RT\ln(a_+ a_-)^{1/2} = \mu_{\pm}^{\ominus} + RT\ln a_{\pm}$$

となる．ここで，相加平均 $(\mu_+^{\ominus} + \mu_-^{\ominus})/2$ を $\mu_{\pm}^{\ominus}$，相乗平均 $(a_+ a_-)^{1/2}$ を平均活量 $a_{\pm}$ と定義した．$(14 \cdot 34)$式に$(14 \cdot 31)$式を代入すれば，

$$\mu_{\pm} = \mu_{\pm}^{\ominus} + RT\ln x_{\pm} + RT\ln\gamma_{\pm} \qquad (14 \cdot 35)$$

となる．$x_{\pm}$ 〔$= (x_+ x_-)^{1/2}$〕は平均モル分率，$\gamma_{\pm}$ 〔$= (\gamma_+ \gamma_-)^{1/2}$〕は平均活量係数を表す．平均活量係数 $\gamma_{\pm}$ が実在溶液と理想溶液との違いを反映する．

NaCl と KCl の質量モル濃度（溶媒 1 kg あたりの物質量）に対する平均活量係数 $\gamma_{\pm}$ を図 14・7 に示す．図からわかるように，NaCl よりも KCl のほうが，理想溶液（$\gamma_{\pm} = 1$）からのずれが大きい．その理由は，Na^+ よりも K^+ のイオン半径のほうが大きく，イオンのまわりの溶媒（水分子）の数が異なり，イオンと溶媒との分子間相互作用が異なるためである．デバイ（P. J. W. Debye）とヒュッケル（E. A. A. J. Hückel）は，強電解質の希薄溶液（$A_{\nu_A}B_{\nu_B} \rightarrow \nu_A A^{z_A+} + \nu_B B^{z_B-}$）について，理想溶液と実在溶液の違いを次の式で表した．

$$\log\gamma_{\pm} = -0.509 \times z_A z_B \times \left(\frac{m_A z_A^2 + m_B z_B^2}{2}\right)^{1/2} \qquad (14 \cdot 36)$$

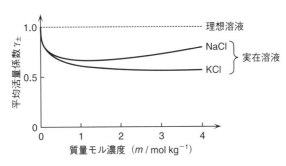

図 14・7　水溶液の平均活量係数の質量モル濃度依存性 （298.15 K）

ここで, z_A と z_B はカチオンとアニオンの価数, m_A と m_B はカチオンとアニオンの質量モル濃度である. (14・36)式はイオンとそのまわりの溶媒との電気的な相互作用を統計学的に扱うことによって求められる (分子間相互作用については Ⅲ 巻 8 章を参照)*.

章末問題

14・1　次の説明文が表す言葉を答えよ.
(1) 物質が溶液中で電離している割合.
(2) 理想気体の圧力に対応する実在気体の物理量.
(3) 理想溶液のモル分率に対応する実在溶液の物理量.
(4) 電場をかけると, 溶液内のイオンが電場の向きに従って移動する性質.

14・2　希薄水溶液で, 塩化カルシウムは完全に電離すると仮定する. ファントホッフ係数 i はいくつになるか.

14・3　(14・13)式を使って, 極限モル伝導率 Λ^∞ の単位を求めよ. 抵抗の単位を Ω (オーム) とする.

14・4　298.15 K で, 純水の電気伝導率が $\kappa = 5.56 \times 10^{-6} \, \Omega^{-1} \, m^{-1}$ とする. 純粋のモル伝導率 Λ を求めよ. また, 表 14・1 の値を使って, 純水の極限モル伝導率 Λ^∞ を求め, 電離度 α を計算せよ. 純水のモル質量は $18 \, g \, mol^{-1}$, 密度は $1 \, g \, cm^{-3}$ とする.

14・5　表 14・1 の値を使って, 塩化カルシウムの極限モル伝導率 Λ^∞ を求めよ.

14・6　濃度が高くなると, 酢酸水溶液の電離度は急激に小さくなる (図 14・4 参照). その理由を答えよ.

14・7　オストワルドの希釈律を使って, 298.15 K で物質量濃度が 0.05 mol dm^{-3} の酢酸水溶液の電離度を求めよ.

14・8　問題 14・7 の酢酸水溶液に 0.005 mol の HCl を加えたら, すべての HCl が溶けて電離したとする. 酢酸の電離度を求め, H_3O^+ の濃度が増えると電離度が減ることを確認せよ.

---

* より詳しく学びたい人は, たとえば, J. I. Steinfeld, J. S. Francisco, W. L. Hase, "Chemical Kinetics and Dynamics", Prentice Hall, Inc., (1989) ["化学動力学", 佐藤 伸 訳, 東京化学同人 (1995)] を参照.

第 III 部

地球大気の熱力学

15

地 球 温 暖 化

これまでに説明した物理化学の基礎知識を使って，地球温暖化を分子レベルで理解する．大気の温度は大気を構成する N_2 分子，O_2 分子，Ar 原子の並進エネルギーで決められる．水素や化石燃料などの燃焼，電気機器や家電の使用など，科学技術の発展とともに熱エネルギー源は増え続け，大気の温度が上昇していることを理解する．

15・1 大気の温度とは

物理化学は物質の変化を理論的に解明する学問である．Ⅰ巻とⅡ巻では，原子，分子のエネルギーの状態がどのようにして決まり，どのように変化するかを説明した．Ⅲ巻とⅣ巻では，分子集団のエネルギーの状態がどのようにして決まり，どのように変化するかを，個々の原子，分子のエネルギーに基づいて説明した．最近，危惧されている地球温暖化も物質のエネルギーの状態の変化だから，物理化学を使って理解できるはずである．この『基礎コース物理化学』の総復習として，以下に，地球温暖化を考える．

表 15・1 に示したように，大気は物質量比（体積百分率）で約 78% の窒素と約 21% の酸素と約 1% のアルゴンからできている（Ⅲ巻 §1・1）．物質量比が 0.04% と極微量であるが，二酸化炭素も表 15・1 に載せた．大気には，その他にも水蒸気が存在するが，その物質量比は気温や湿度に大きく依存するの

表 15・1 乾燥空気を構成する物質

物 質	物質量比 （体積百分率%）	定圧モル熱容量 $C_P / \mathrm{J\,K^{-1}mol^{-1}}$	室温で熱エネルギーが 関係する分子運動
アルゴン	0.93	20.79	並進
窒 素	78.08	29.12	並進，回転
酸 素	20.95	29.36	並進，回転
二酸化炭素	0.04	37.11	並進，回転，変角振動

で，ここには載せていない．たとえば，雨が降って湿度が100%ならば，大気中に存在する水蒸気の量は問題11・8の解答で与えられていて，25℃で約0.0311 atm だから，大気中に存在する水蒸気の量は二酸化炭素の約80倍になる．

Ⅲ巻§1・5で説明したように，気体の温度は気体を構成する分子の並進運動のエネルギー（並進エネルギー）の平均値に比例する．並進運動とは，分子が空間を移動する運動のことである．たとえば，大気を構成する N_2 分子や O_2 分子が，アルコール温度計*に衝突して並進エネルギーを渡せば，アルコール分子の並進エネルギーが増え（Ⅳ巻§1・3参照），そして，アルコールの体積が増える．分子は並進エネルギーが増えると激しく動くので，動く空間（体積）が増えるという意味である．そして，時間が経って，大気とアルコールが熱平衡状態になれば，アルコールの高さから大気の温度を知ることができる．図15・1では，N_2 分子や O_2 分子を ◯ で描き，並進エネルギーの大きさを矢印の長さで表現した．一方，アルコール分子の並進エネルギーの大きさ（動く空間）を ◯ の大きさで表現した．熱平衡状態で，アルコール温度計のアルコールの高さは，大気を構成する N_2 分子や O_2 分子の並進エネルギーを反映する．

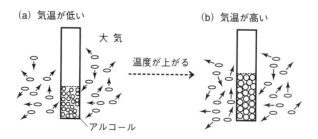

（a）気温が低い　　　　　　　　　　　（b）気温が高い

大　気

温度が上がる

アルコール

図 15・1　大気を構成する N_2 分子や O_2 分子の並進エネルギーが増えると，温度計のアルコール分子の並進エネルギーが増える

大気を構成する微量成分の Ar 原子の運動は並進運動だけである．一方，主成分の N_2 分子や O_2 分子は二原子分子であり，並進運動のほかに，化学結合に垂直な軸を回転軸として，2個の原子核がくるくると回る回転運動や，2個

＊　現在は赤い色素を加えた灯油が温度計として使われている．

の原子核の距離が伸びたり縮んだりする伸縮振動もある（II巻§1・3）．ただし，伸縮振動のエネルギー準位の間隔は広いので（II巻§4・4），室温では熱エネルギーにほとんど関係しない（III巻§5・5）*．また，回転運動のエネルギー準位の間隔は狭いので（II巻§2・2），室温で熱エネルギーには関係するが，温度計に衝突するための並進エネルギーでないので，温度に直接には関係しない．つまり，N_2 分子や O_2 分子が同じ位置で，いくら速く回転しても，衝突しなければ，温度計のアルコールの高さは変わらないという意味である．

　表 15・1 をみるとわかるように，窒素や酸素の定圧モル熱容量 C_P はアルゴンに比べて約 1.4 倍も大きい．Ar 原子には並進運動しかないが，N_2 分子や O_2 分子には回転運動もあるので，窒素や酸素はアルゴンに比べて温まりにくい．C_P の物理的意味を理解するためには，たとえば，川幅のようなものをイメージするとよい．C_P が大きいということは，川幅が広いことに相当する．川幅が広ければ，降った大雨の量が同じでも，水位はそれほど上がらない．大雨が熱エネルギーに相当し，水位が大気の温度に相当する．もっと川幅の広い気体が二酸化炭素である．二酸化炭素の C_P は窒素や酸素の約 1.3 倍である．CO_2 分子には回転運動のほかに，変角振動（結合角が変化する運動）もある（II巻§12・2）．与えられた熱エネルギーは回転運動や変角振動にも使われるために，並進エネルギーの増え方は少なくなる．もしも，大気のすべてが二酸化炭素ならば，熱エネルギーによる温度の上昇は，現在の大気よりも 20% も少なくなる．

15・2　大気の温度を上げるエネルギー源

　前節で説明したように，熱エネルギーを与えると，大気の温度は上がる．たとえば，物質量が 1 mol（圧力が 1 atm で，体積が約 0.0244 m³ = 29 cm×29 cm×29 cm）の水素を燃焼したとする．放出される熱エネルギーは，反応エンタルピーを調べればわかる．IV巻§10・3 で説明したように，

$$H_2 + (1/2)O_2 \rightarrow H_2O（水）\qquad \Delta_r H^{\ominus} = -285.8 \,\text{kJ} \qquad (15・1)$$

だから，$2.858×10^5$ J の熱エネルギーが放出される〔(10・2)式参照〕．1 分間

---

*　古典力学で扱うことのできる物体のエネルギーは連続であるが，量子論で扱わなければならない分子のエネルギーは不連続である（I巻参照）．エネルギー準位の間隔が広いと，室温で分子が熱エネルギーを受取る確率は少ない．一般に，伸縮振動は変角振動よりもエネルギー準位の間隔が広い（II巻§12・3）．

に 1 mol の水素を燃焼したとすると，1 日に大気に放出される熱エネルギーは，

$$2.858 \times 10^5 \times 60 \times 24 \approx 4.12 \times 10^8 \, \text{J} \qquad (15 \cdot 2)$$

と計算できる．水素を東京ドームの中で燃焼させたとする（図 15・2）．東京ドームの中の大気（体積は約 $1.24 \times 10^6 \, \text{m}^3$）の物質量は，

$$1.24 \times 10^6 \, \text{m}^3 / (0.0244 \, \text{m}^3 \, \text{mol}^{-1}) \approx 5 \times 10^7 \, \text{mol} \qquad (15 \cdot 3)$$

である．窒素と酸素の C_P はいずれも約 $29 \, \text{J} \, \text{K}^{-1} \, \text{mol}^{-1}$ だから（表 15・1），東京ドームの中の大気の 1 日あたりの温度上昇 ΔT は，

$$\Delta T = \frac{4.12 \times 10^8 \, \text{J}}{(5 \times 10^7 \, \text{mol}) \times (29 \, \text{J} \, \text{K}^{-1} \, \text{mol}^{-1})} \approx 0.284 \, \text{K} \qquad (15 \cdot 4)$$

となる．つまり，1 か月で約 9 ℃（約 9 K）も上がることになる．

毎分 1 mol の水素を燃焼すると，東京ドームの中の大気は 1 か月で約 9 ℃ 上がる

水素の燃焼

東京ドーム

図 15・2　水素を燃焼させると大気の温度（N_2 分子や O_2 分子の並進エネルギー）が上がる

　身のまわりには，大気の温度を上げる熱エネルギー源があふれている．たとえば，電気ストーブは大気を温めるために使われるし，冷蔵庫のまわりの空気も，オーブンレンジのまわりの空気も温かい．パソコンはハードディスクが熱くならないように常にファンが回っていて，温かい空気が放出されている．1 台のパソコンが放出する熱エネルギーは微々たるものだが，世界中のパソコンのハードディスクが，プログラムの更新のために熱エネルギーを放出すれば，大気の温度はある程度上がることになる．

　電気機器は必ず熱エネルギー源になって，大気の温度を上げる．その理由は，導線などの金属には抵抗があり，電流が流れると，熱エネルギーが必ず放出されるからである．これはジュールの法則として知られている．

$$\text{熱エネルギーの総量 = 抵抗値} \times (\text{電流値})^2 \times \text{時間} \qquad (15 \cdot 5)$$

そうすると，超伝導物質（抵抗値 = 0）でも使わない限り，送電線で電気を送るときも，蓄電池に電気を溜めるときも，電気機器を動かすときも，熱エネルギーが放出され，大気の温度は上がる（図 15・3）．さらに，電気をつくるた

めの火力発電所では，化石燃料を燃焼させるので，莫大な熱エネルギーが大気に放出され，大気の温度が上がる．原子力発電所では，核分裂によって，自然界にない核エネルギーを人工的に生み出す．核エネルギーは莫大な熱エネルギーに変換されて，大気に放出され，大気の温度が上がる．また，莫大な冷却水が温められて海に捨てられ，海水の温度も上がる[*]．

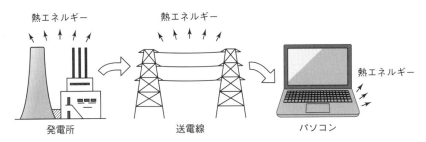

図 15・3　電気を使うと大気の温度が上がる

　さまざまな熱エネルギー源によって，大気の温度は上がる．それ以外の大気の温度を決める大きな要因は，大気（N_2 分子や O_2 分子など）が地表（地面や海面）との衝突で熱平衡状態になることである．地表の近くにある大気は常に地表と衝突して，地表とエネルギーをやり取りする（IV巻１章参照）．そうすると，地表の近くの大気の温度は地表の温度であると考えてよい（図15・4）．また，地表から離れている大気は，直接，地表と衝突する機会は少ないが，地表の近くの大気との衝突によって，並進エネルギーをやり取りする．つまり，

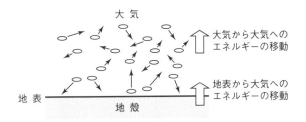

図 15・4　地表の温度が上がると大気の温度が上がる

<hr />

　*　水力発電は位置エネルギーを利用し，風力発電は大気を構成する分子の並進エネルギーを利用し，熱エネルギーを放出しない．ただし，厳密にいえば，発電機を回すために，摩擦エネルギーが熱エネルギーに変換されて，熱エネルギー源となる．

地表の温度が上がれば大気の温度が上がり，地表の温度が下がれば大気の温度
も下がる．それでは，地表のエネルギーはどのようにして供給されているのだ
ろうか．

15・3　地表の温度を上げるエネルギー源

　地球の中心には，水素や炭素などを含む鉄やニッケルなどの金属からできた
核（内核は固体，外核は液体）がある．核はコアともよばれる．コアの圧力は
約 4×10^6 atm，温度は約 6000 K といわれている．ちょうど，核融合炉が地球
の中心にあるようなものである．核融合によって生み出された核エネルギー
は，熱エネルギーに変換される．コアのまわりにはケイ酸塩鉱物を主成分とす
るマントルがある．マントルは固体であるが，超高圧および超高温なので，莫
大な熱エネルギーによって対流する（図15・5）．マントルの対流によって，
コアのエネルギーは地殻の近くまで移動する．地殻の成分はマントルとあまり
変わらないが，温度が低いので対流しない．マントルの温度はコアの近くでは
約 4000 K であるが，地殻の近くでは約 2000 K といわれている．地殻への熱エ
ネルギーの移動によって，マントルの温度は下がる．地殻に移動した熱エネル
ギーは地表へと移動して，地表の温度が上がる（図15・5）．地表の温度を決
める要因の一つは，コアの核エネルギーである．そして，大気（N_2分子やO_2
分子など）は，地表との衝突によって並進エネルギーを得るので，大気の温度
は上がる．

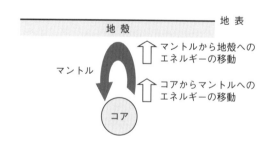

図 15・5　コアから移動するエネルギーによって地表の温度が上がる

　地表の温度を上げるもう一つのエネルギー源が，太陽から放射される電磁波
（太陽光）である．電磁波の振動数をνとすると，電磁波のエネルギーは$h\nu$で
ある（I巻§1・4）．比例定数のhはプランク定数であり，振動数が高くなる

と，電磁波のエネルギーも高くなる．電磁波が物質に吸収されて，電磁波のエネルギーが熱エネルギーに変換されれば，物質の温度は上がる．しかし，大気を構成する N_2 分子も O_2 分子も Ar 原子も電荷の偏りがないので，永久電気双極子モーメントがない（II巻§2・3）．永久電気双極子モーメントがないと，原子，分子は電磁波を吸収できない（II巻§4・5）．つまり，N_2 分子や O_2 分子などの大気を構成する分子の 99.96% は，マイクロ波も赤外線も可視光線も，ほとんどの紫外線も吸収できないので，大気が太陽光によって温まることはない．

　一方，地面は固体でできていて，海面は液体でできている．地面はマイクロ波，赤外線，可視光線，ほとんどの紫外線を吸収して，そのエネルギーは熱エネルギー（格子振動エネルギーなど）に変換される．海水もマイクロ波，赤外線を吸収する．海水は透明だから可視光線を吸収しないように思えるが，それでも少しは吸収する．深海では，すべての可視光線が海水によって吸収されてしまうので，真っ暗闇になる．液体は吸収した電磁波のエネルギーを分子クラスターの運動エネルギーなどに変換する（IV巻§7・3）．

　大気（N_2 分子や O_2 分子など）と異なり，地表（物体）は太陽光を吸収する（図 15・6）．その結果，地表は昼に温度が上がり，太陽光があたらない夜に温度は下がる．すでに説明したように，大気は地表と熱平衡状態になっているので，大気の温度（N_2 分子や O_2 分子などの並進エネルギー）は，地表の温度と同様に，昼は上がり，夜は下がる．

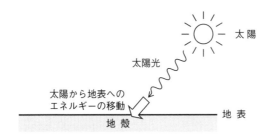

図 15・6　太陽光の吸収によって地表の温度は上がり，地表の温度が上がると
　　　　　大気の温度も上がる

15・4　地表の温度を下げる赤外線放射

　すでに説明したように，大気の温度（N_2 分子や O_2 分子などの並進エネル

ギー）はアルコール温度計で測ることができる．しかし，地表（物体）の温度
をアルコール温度計で測ることはむずかしい．物体と温度計がしっかり接触し
ていないと熱平衡状態にならず，物体の中の原子，分子の運動エネルギー（格
子振動エネルギーなど）が温度計に正確に伝わらないからである．そこで，物
体から放射される電磁波の強度分布を調べて，物体の温度を測る．電磁波を吸
収する物体は，電磁波を放射する．室温では，放射される電磁波のほとんどが
マイクロ波や赤外線であるが，高温になると，可視光線や紫外線などのエネル
ギーの高い電磁波を放射するようになる．太陽は約 6000 K の高温の物体なの
で，さらにエネルギーの高い X 線や γ 線なども放射する（I巻§1・3）．放射
される電磁波の強度分布（エネルギー密度分布）は温度に依存するので，電磁
波の強度分布から物体の温度を決めることもできる．人間の身体も物体だか
ら，室温では赤外線が放射される．風邪をひいて体温が上がると，放射される
赤外線の強度分布が変わるので，非接触型温度計でも，風邪をひいているかど
うかを判定できる．

　アルコール温度計は分子の並進エネルギーに基づく気体の温度を測る．一
方，非接触型温度計は，物体から放射される電磁波の強度分布に基づく温度を
測る．大気の温度は非接触型温度計では測れない．なぜならば，すでに説明し
たように，大気の主成分である N_2 分子や O_2 分子などは電荷の傾りがなく，
電磁波を吸収しないし，放射もしないからである（II巻参照）．容器の中にア
ルコール温度計を置いて，容器の外の気体（大気）の温度を測るとしよう〔図
15・7(a)〕．もしも，容器の中の気体の圧力が 1 atm ならば，容器を通して外

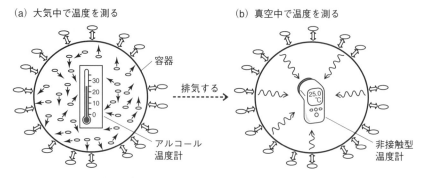

(a) 大気中で温度を測る　　　　　　　　(b) 真空中で温度を測る

容器

排気する

アルコール
温度計

非接触型
温度計

図 15・7　気体（分子）の並進運動の温度と，固体（物体）の電磁波の
　　　　放射の温度は異なる

界と並進エネルギーをやり取りするので, 熱平衡状態になって, アルコール温度計は室温を示す (IV巻1章参照). それでは, ポンプを使って容器の中の気体を排気すると, どうなるだろうか. 圧力が下がって, 容器の中の分子の数が減ると, 並進エネルギーも減るから, 容器の中の気体の温度は下がる. それでは, 完全に真空にするとどうなるかというと, 分子がないから, 並進エネルギーは0, つまり, 絶対零度となる. 一方, 非接触型温度計は絶対零度を示さない〔図15・7(b)〕. なぜならば, 分子が衝突しなくても, 固体の容器から放射される赤外線の強度分布を測定するからである. 電磁波は電場と磁場が振動しながら進む波なので, 物質がない真空でも伝わることができる. つまり, 非接触型温度計が示す温度は真空の温度ではなく, 容器の外の気体 (大気) の温度を示す.

　気体 (大気) の温度を決める分子の並進エネルギーと, 固体 (物体) の温度を決める電磁波のエネルギーには, もう一つの大きな違いがある. すでに説明したように, 電磁波は物質のない真空でも伝搬する. したがって, 地表から宇宙に向かって電磁波が放射されれば, 電磁波は$h\nu$のエネルギーをもつので, 地表のエネルギーは減って, 地表の温度は下がる (図15・8). 地表の温度は太陽よりも低いので, おもに赤外線が放射される. 大気 (N_2分子やO_2分子など) は地表と衝突して熱平衡状態になっているので, 地表が赤外線を宇宙に放射して温度が下がれば, 大気の温度も下がることになる. 一方, 大気を構成する分子の並進エネルギーは, 宇宙に放出されない. 地球は宇宙に浮いているので, ちょうど, 魔法瓶の中のお湯のようなものである. 魔法瓶には熱伝導があるので, 魔法瓶の中のお湯の温度は少しずつ下がるが, 長時間にわたって温度は保たれる. 宇宙はほぼ完璧な魔法瓶なので, 大気が宇宙に放出されな

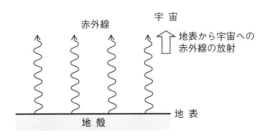

図 15・8　赤外線の放射によって地表の温度は下がり, 地表の温度が下がると
　　　大気の温度も下がる

ければ，地球の大気の並進エネルギーは減らない．つまり，大気の温度は下
がらない．

15・5　二酸化炭素の衝突寿命と赤外線放射寿命

　CO_2 分子は対称的な直線三原子分子であり，永久電気双極子モーメントが
ない（II巻§12・4）．したがって，回転運動に関係するマイクロ波を吸収した
り，放出したりすることはない（II巻§2・3）．しかし，直線から折れ曲がっ
て変角振動すると，電気双極子モーメントが誘起されるので，CO_2 分子は赤
外線を吸収する（物質量比が二酸化炭素の約 80 倍ある水蒸気も赤外線を吸収
する）．そうすると，大気を構成する 99.96％の N_2 分子，O_2 分子，Ar 原子と
異なり，0.04％の CO_2 分子は地表から放射される赤外線を吸収する[*]．CO_2 分
子は赤外線を吸収すると，エネルギーの高い振動励起状態になる（II巻§8・
1）．CO_2 分子の振動エネルギーが増えるから，大気の温度が高くなるかとい
うと，そうではない．振動エネルギーは並進エネルギーではないので，<u>振動エ
ネルギーが増えただけでは，大気の温度は上がらない</u>．同じ位置で速く振動し
ても，温度計に衝突するための並進エネルギーが増えなければ，温度計が示す
温度は高くならない（IV巻 34 ページの脚注 2 参照）．

　振動エネルギーを並進エネルギーに変換するためには，CO_2 分子が N_2 分子
や O_2 分子や Ar 原子と衝突する必要がある（図 15・9）．どのくらいの頻度で
衝突するかについては，III巻§3・5で説明した．たとえば，1 atm，300 K で，

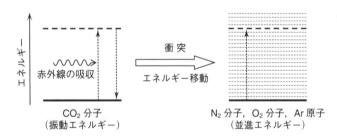

図 15・9　赤外線を吸収した CO_2 分子が N_2 分子，O_2 分子，Ar 原子と
衝突したときに，エネルギーが移動する

---

　[*]　CO_2 分子が太陽から放射される赤外線を吸収すると，地表が吸収する赤外線が減って地表の
　　温度が下がり，地表と熱平衡状態にある大気の温度が下がることになる．

N_2 分子どうしが衝突する衝突頻度は，約 $7.30 \times 10^9 \, s^{-1}$ である〔Ⅲ巻(3・28)式〕．衝突頻度というのは 1 秒間に衝突する回数のことである．CO_2 分子が N_2 分子や O_2 分子に衝突する頻度も，桁は変わらないとすると，1 回の衝突にかかる平均時間（衝突頻度の逆数）は約 $10^{-10} \, s$（$= 0.1 \, ns$）となる．つまり，大気を構成するすべての分子は衝突によってエネルギーをやり取りして，常に熱平衡状態になっていると考えてよい．

赤外線を吸収しなくても，熱平衡状態では，分子どうしの衝突によってエネルギーをやり取りして，一部の CO_2 分子が振動励起状態になっている．振動基底状態の分子数 N_0 に対して，どのくらいの振動励起状態の分子数 N_1 があるかというと，ボルツマン分布則（Ⅱ巻§2・4，Ⅲ巻§2・2）を使って計算できる．

$$\frac{N_1}{N_0} = \exp\left(-\frac{\Delta E}{k_B T}\right) \tag{15・6}$$

ここで，ΔE は振動基底状態と振動励起状態のエネルギー差，k_B（$\approx 1.381 \times 10^{-23} \, J \, K^{-1}$）はボルツマン定数，$T$ は熱力学温度である．CO_2 分子の変角運動のエネルギー差は $667 \, cm^{-1}$（$\nu \approx 2.00 \times 10^{13} \, s^{-1}$）だから，プランク定数 h（$\approx 6.626 \times 10^{-34} \, J \, s$）を掛け算して，エネルギー差は $\Delta E \approx 1.325 \times 10^{-20} \, J$ となる*．そうすると，室温（$T = 298.15 \, K$）で，振動励起状態と振動基底状態の分子数の比 N_1/N_0 は，

$$\frac{N_1}{N_0} = \exp\left(-\frac{1.325 \times 10^{-20}}{1.381 \times 10^{-23} \times 298.15}\right) \approx 0.04 \tag{15・7}$$

と計算できる．つまり，地表から放射される赤外線がなくても，熱平衡状態で，CO_2 分子の 4% が振動励起状態になっている．これが，窒素や酸素よりも二酸化炭素の温度が熱エネルギーで上がりにくい理由でもある（表 15・1 C_P 参照）．もしも，CO_2 分子が熱平衡状態になっている N_2 分子や O_2 分子や Ar 原子の並進エネルギーを受取り，振動励起状態の CO_2 分子が赤外線を宇宙に

---

* 室温（298.15 K）で，1 mol の大気の並進エネルギーはモル気体定数 R（$\approx 8.3145 \, J \, K^{-1} \, mol^{-1}$）を使って，$(3/2) \times 8.3145 \times 298.15 \approx 3.7 \times 10^3 \, J$ と計算できる〔Ⅲ巻(1・20)式参照〕．かりに，1 mol（$\approx 6.022 \times 10^{23}$ 個）の大気に含まれる二酸化炭素（0.04%）のすべてが赤外線を吸収したとすると，そのエネルギーは $0.0004 \times 6.022 \times 10^{23} \times 1.325 \times 10^{-20} \approx 3.2 \, J$ となって，並進エネルギーの 1000 分の 1 以下である．かりに，すべての二酸化炭素が炭素（グラファイト）の燃焼によって生成したとすると，放出される熱エネルギーは $0.0004 \times 393.5 \times 10^3 \approx 1.6 \times 10^2 \, J$ と計算できる〔Ⅳ巻(10・3)式参照〕．

放射すれば，大気の温度が下がることになる.

　振動励起状態の CO_2 分子が，N_2 分子や O_2 分子と衝突する前に，赤外線を放射（自然放射）する可能性はあるだろうか．振動励起状態の分子が赤外線を放射するまでの時間を実験で決めることはむずかしい．そこで，実験で決めることができる電子励起状態からの可視光線，紫外線の放射寿命（蛍光寿命という）を使って，見積もることにする．多くの分子の蛍光寿命は約 $10^{-8} \sim 10^{-7}$ s（$= 10 \sim 100$ ns）である．詳しいことは省略するが[*]，モル吸光係数と放射される電磁波のエネルギー（基底状態と励起状態のエネルギー差）に関する違いを考慮して，蛍光寿命のアインシュタインの A 係数から計算すると，振動励起状態からの赤外線の放射寿命を蛍光寿命の約 10^6 倍と見積もることができる．つまり，振動励起状態からの赤外線の放射寿命は約 $10^{-2} \sim 10^{-1}$ s（$= 10 \sim 100$ ms）である．振動励起状態が赤外線を自然放射するためには，分子どうしが衝突するための平均時間の約 $10^8 \sim 10^9$ 倍も時間がかかる．したがって，振動励起状態の CO_2 分子は，赤外線を自然放射する前に熱平衡状態になると思われる．大気がやり取りするエネルギーを図 15・10 にまとめた.

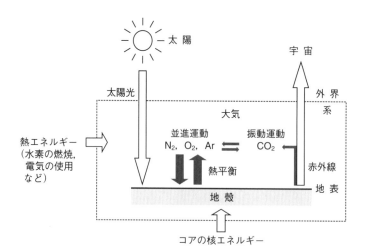

図 15・10　系（大気，地表，地殻）に対するエネルギーの吸収と放出
（➡ は系内のエネルギー変換）

---

[*]　たとえば，近藤 保編，小谷正博，幸田清一郎，染田清彦著，"大学院講義物理化学"，東京化学同人（1997）を参照.

ま と め

1. 大気（気体）は熱エネルギーで温度が上がる.

2. 地表（固体）は太陽光とコアの核エネルギーで温度が上がる.

3. 地表は赤外線を放射すると温度が下がる.

4. 大気は地表と熱平衡状態にあり，地表の温度が上がると大気の温度も上がり，地表の温度が下がると大気の温度も下がる.

5. 99.96%の大気（N_2, O_2, Ar）は太陽光で温度は上がらない.

6. 0.04%の大気（CO_2）は赤外線を吸収する.

7. 赤外線を吸収した CO_2 は振動運動が激しくなるだけで，大気の温度は上がらない.

8. 赤外線を吸収した CO_2 は赤外線を放射する前に，ほかの大気成分と熱平衡状態になる.

9. 赤外線を吸収した CO_2（0.04%以下）の振動エネルギーが，ほかの大気成分（99.96%以上）の並進エネルギーになると，大気の温度は上がる.

10. 熱平衡状態にある CO_2 が，ほかの大気成分の並進エネルギーを振動エネルギーとして受取ると，大気の温度は下がる.

章末問題

15・1 大気の温度（N_2 分子や O_2 分子などの並進エネルギー）は，人類が放出する熱エネルギーや，山火事などの自然現象で放出される熱エネルギーによって上がる. また，地球のコアの核エネルギーや，太陽が放射する電磁波のエネルギーによって地表の温度が上がり，熱平衡状態になっている大気の温度が上がる. 次の現象の原因がどのエネルギーに対応するかを答えよ.

(1) エアコンの暖房をつけると部屋が温かい.

(2) 北極圏にあるアイスランドの冬はフィンランドの冬よりも温かい.

(3) 夜は寒くて，昼は温かい.

15・2 太陽から地表に届く電磁波が妨げられるために，地表の温度は上がりにくくなり，大気の温度が上がりにくくなる. 次の理由を説明せよ.

(1) 晴れた昼は温かく，曇った昼は寒い.

(2) 夏でも木陰は涼しい.

(3) 火山が噴火して，火山灰が大気中に放出されると寒くなる.

15・3　地表の温度が下がりにくくなり，大気の温度が<u>下がりにくくなる</u>こともある．晴れた夜は寒く，曇った夜は温かい理由を説明せよ．氷の粒は気体ではなく固体である．

15・4　人間の体温は約 36.5 ℃である．皮膚表面の温度はそれ以下である．その理由を説明せよ．

15・5　次の言葉を説明せよ．

(1) 熱エネルギー（Ⅳ巻 1 章参照）.

(2) 気体の温度（Ⅲ巻 1 章参照）.

(3) 並進エネルギー（Ⅱ巻 1 章参照）.

(4) 核エネルギー（Ⅰ巻 1 章参照）.

あ と が き

　"基礎コース物理化学 全4巻"の第Ⅰ巻"量子化学"を出版してから，3年が経つ．第Ⅲ巻と第Ⅳ巻の内容の関連が強く，さまざまな章立てを試しているうちに，時が流れてしまった．また，限られたスペースのなかに，初学者がつまずくかもしれない基本的な内容を，できるだけ丁寧にわかりやすく記述するために，扱うテーマは通常の教科書よりも絞らざるを得なかった．それでも，これまでの教科書にはない独自のアイデアを使って，わかりやすく説明できたと思う．

　ある読者はこの教科書を"わかりやすい"と思うかもしれない．ある読者は"むずかしい"と思うかもしれない．また，ある読者は"やさしすぎる"と思うかもしれない．言い訳になるかもしれないが，すべての読者に適した教科書は世の中に存在しない．同じ教科書でも，読者がそれまでに学んだ基礎知識の量と質によって，やさしい教科書になったり，むずかしい教科書になったりする．したがって，同じ読者でも，最初に読んだときにはむずかしいと感じた教科書が，2回目にはやさしい教科書だと感じるようになる．もしも，やさしすぎると感じるようになったら，この教科書の目的は果たされたことになる．ぜひ，別の専門書に挑戦して欲しい．ちまたには優れた専門書がたくさん用意されている．

　なお，第Ⅱ巻と第Ⅲ巻の分光に関する実験データのほとんどは，著者の研究室で実際に測定したものである．その他の表やグラフは"化学便覧基礎編"，改訂5版，日本化学会編，丸善出版（2004）などの資料から作成した．

　最後に，急速に発展するネット社会のなかで，情報は集めやすく，されど，情報を正しく評価するために必要な基礎知識は修得しがたい．この"基礎コース物理化学 全4巻"の内容を理解すると，『どれだけエネルギーを使っても，温室効果ガスを増やさなければ地球温暖化は止まる』という考えが誤解であることに気がつく読者も多いと思う．

中　田　宗　隆

索　引

なか　た　むね　たか
中 田 宗 隆
1953 年 愛知県に生まれる
1977 年 東京大学理学部 卒
広島大学講師(〜1989),
東京農工大学助教授(〜1995)を経て,
東京農工大学教授(〜2019)
東京農工大学名誉教授
専門 量子化学, 分光学, 光化学
理 学 博 士

第 1 版 第 1 刷 2021 年 4 月 5 日 発行

基礎コース物理化学 Ⅳ. 化学熱力学

© 2 0 2 1

著　者　中　田　宗　隆
発 行 者　住　田　六　連
発　行　株式会社 東京化学同人
東京都文京区千石 3-36-7 (〒112-0011)
電話(03)3946-5311・FAX(03)3946-5317
URL: http://www.tkd-pbl.com/

印刷・製本　日本ハイコム株式会社

物理化学の重要な概念をかみくだいて
解説した初学者向き教科書シリーズ

基礎コース 物理化学
全4巻

中田宗隆 著

A5判　各巻200ページ前後　本体各2400円

I. 量 子 化 学

II. 分 子 分 光 学

III. 化 学 動 力 学

IV. 化 学 熱 力 学

2021年4月現在